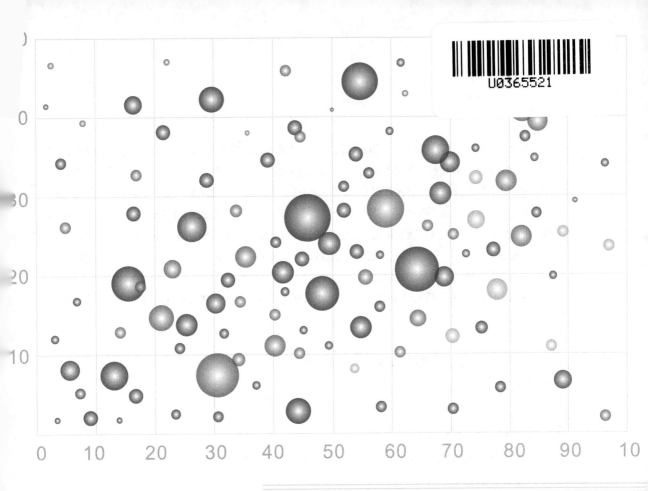

大数据分析
从理论到实践

成生辉 主编 李航 刘义姣 副主编

电子工业出版社
Publishing House of Electronics Industry
北京·BEIJING

内容简介

本书包含 10 章，分为：第 1 章，阐述数据分析的基础理论；第 2 章，介绍数据清洗和数据获取的知识和方法；第 3 章至第 9 章，覆盖了基础统计分析、多维数据分析、时序数据分析、地理数据分析、图数据分析、文本数据分析和多媒体数据分析，包括每种分析方法的基础定义、分析方法和工具使用到具体领域的可视化实用案例；第 10 章，以中国社会发展数据演示分析方法的使用。书中提到的基础理论知识都有配套的在线实践工具，能够让用户在学习基础理论知识之后和实践进行连接，真正达到学以致用的效果。通过实践工具，用户可以实现独自完成数据可视化分析案例的产出。本书采用了可视化辅助分析的办法，通俗易懂，不拘泥于数学公式。

本书不仅可作为数据分析初学者的入门手册，也可作为数据分析学者进行数据研究和案例分析的参考指南。

未经许可，不得以任何方式复制或抄袭本书之部分或全部内容。
版权所有，侵权必究。

图书在版编目（CIP）数据

大数据分析：从理论到实践 / 成生辉主编. —北京：电子工业出版社，2021.6
ISBN 978-7-121-41261-5

Ⅰ. ①大… Ⅱ. ①成… Ⅲ. ①数据处理—中等专业学校—教材 Ⅳ. ①TP274

中国版本图书馆 CIP 数据核字（2021）第 098909 号

责任编辑：石会敏
印　　刷：北京天宇星印刷厂
装　　订：北京天宇星印刷厂
出版发行：电子工业出版社
　　　　　北京市海淀区万寿路 173 信箱　邮编：100036
开　　本：787×1092　1/16　印张：10.75　字数：239 千字
版　　次：2021 年 6 月第 1 版
印　　次：2023 年 9 月第 3 次印刷
定　　价：49.00 元

凡所购买电子工业出版社图书有缺损问题，请向购买书店调换。若书店售缺，请与本社发行部联系，联系及邮购电话：(010)88254888，88258888。
质量投诉请发邮件至 zlts@phei.com.cn，盗版侵权举报请发邮件至 dbqq@phei.com.cn。
本书咨询联系方式：738848961@qq.com。

推 荐 序

由于监测技术、通信网络与存储设备的快速发展，多种多样的信息集合成的数据，正以前所未有的速度出现在人们的生活中，大数据时代已到来。它的到来，从多方面深刻影响着这个世界；它的开启，也带来了无限的商机和巨大的挑战。

图片、声音、文字及背后用户对这些资源的使用习惯和轨迹构成了互联网上的数据资源，用户的消费偏好、兴趣爱好、关系网络及整个互联网的趋势、潮流都将成为互联网从业者关注的热点，而这一切的获取和分析都离不开大数据。一方面，在社会化媒体基础上的大数据挖掘和分析将会衍生很多应用；另一方面，基于数据分析的营销咨询服务也正在兴起。数据背后隐藏着巨大的商业机会。

把大数据作为基础性战略资源，全面实施促进大数据发展行动，加快推动数据资源共享开放和开发应用，助力产业转型升级和社会治理创新，是社会发展的要求和必然结果。大数据技术所涉及的应用领域包括医疗健康、城市建设、金融产业、网络通信等社会各个层面，因此已被认为是具有国家战略意义的产业，正受到政府、研究机构与民间企业的高度关注。对于大数据的处理和分析能力，正在慢慢地演变成一个国家的核心竞争力。

2015年8月，国务院发布的《促进大数据发展行动纲要》指出："全面推进我国大数据发展和应用，加快建设数据强国。"2016年3月发布的《中华人民共和国国民经济和社会发展第十三个五年规划纲要》指出："实施国家大数据战略。2020年，国家提出"新基建"，其重点在于建设大数据中心。2020年4月，《中共中央国务院关于构建更加完善的要素市场化配置体制机制的意见》对外公布，明确将大数据作为一种新型生产要素写入文件中，与土地、劳动力、资本、技术等传统要素并列为要素之一。这些国家发展战略和规划都足以体现国家层面对大数据的关注和支持，也说明了大数据正成为国家竞争力新内涵的核心体现。

站在大数据时代蓬勃发展的风口，人们非常需要一本书来全面详细地阐述大数据，从而走进大数据的世界。市面上，大数据分析类的教材层出不穷，很多却晦涩难懂。本书阐述的内容深入浅出，既适合初学者，又适合实践者。本书采用通俗易懂的方法来阐述算法，并附上相匹配的应用案例。针对算法的复杂难懂，本书用看得懂的语言来描述这些算法。具体而言，本书引入了"可视化"的概念，用图形化的表示方法和可视化的描述，把复杂方法简单化，这是本书的特色之一。并且，本书侧重于方法与应用，提供了丰富的案例。全面的数据、对相关理论和背景知识的涵盖及图文并茂的讲述形式使得本书阅读体验较好。

不懂数据，很容易被这个时代淘汰。在数据变得越来越重要的今天，希望本书可以传播得更广，让更多的数据爱好者受益。

前　言

众所周知，大数据是当今的一个风口。然而，在这风口浪尖上，很多人却望而却步，不接近大数据，并且去真正了解、体验它的强大与魅力，这是因为大数据的门槛高，大数据分析复杂，需要很多的专业知识和理论水平，包括计算机编程、数学理论、统计理论等方面。

降低大数据分析的门槛，使更多人融入大数据的世界，是本书的初衷。为了应对复杂的数学模型和算法，我们引入了"可视化"的概念，即通过简单的图形表达，来生动形象地描述大数据分析，深入浅出地阐述大数据分析的奥秘。通过本书，我们想让更多的人喜欢并加入大数据分析的队伍，同时寻找更多志同道合的朋友。

本书第 1 章从大数据的发展历程出发，逐步引出大数据的概念，并讨论了大数据对社会一些代表性行业的深刻影响。第 2 章着重介绍网络爬虫，并且介绍了对原始数据进行数据清洗的相关知识。第 3 章简要讲解统计学的基本概念和分析方法。第 4 章介绍多维数据分析集，讲解多维数据分析的思路和方式，以及几种常见的降维与聚类算法。第 5 章介绍时序数据分析的几种方法。第 6 章简要介绍几种地理数据分析的可视化方法。第 7 章介绍图数据——将数据转化成节点，同时将数据的关系用节点的连线表示，并讲解几种图数据分析的可视化和计算方法。第 8 章介绍什么是文本数据分析，并简要讲解常用的文本数据处理算法。第 9 章介绍三类多媒体数据——图像、音频和视频，并简要讲解相关的处理技术。第 10 章通过可视化数据分析，从九个方面讨论我国的社会发展变化，展示大数据分析强大的实践应用能力。

在本书的写作过程中，得到了诸多教授和同事的帮助，包括罗智泉院士、蔡小强院士、崔曙光教授、戴建岗教授、艾春荣教授、张博辉教授等，以及 Dagoo 数据平台的开发者郭文君、金承郁、李洪泽、张晗、宁睿等。在大数据越来越重要的今天，希望本书的读者通过阅读本书可以在大数据分析方面获益。

目　录

第1章　引言 1
　1.1　大数据的发展历程 1
　1.2　大数据的概念和定义 3
　　　1.2.1　大量(Volume) 4
　　　1.2.2　多样(Variety) 5
　　　1.2.3　价值密度低(Value) 5
　　　1.2.4　高速(Velocity) 5
　　　1.2.5　真实性(Veracity) 6
　1.3　大数据对社会的影响 6
　　　1.3.1　大数据促进经济发展 6
　　　1.3.2　大数据提升社会保障 7
　　　1.3.3　数据治国 8
　1.4　大数据的分析方法 9
　　　1.4.1　统计 9
　　　1.4.2　数据挖掘 10
　　　1.4.3　人工智能 11
　1.5　数据可视化技术 11
　　　1.5.1　可视化历史 11
　　　1.5.2　可视化概述 12
　　　1.5.3　可视化应用 15

第2章　数据预处理 17
　2.1　什么是网络爬虫 17
　2.2　网络爬虫的实现 18
　　　2.2.1　Python编程语言 18
　　　2.2.2　正则表达式 19
　　　2.2.3　超文本标记语言 21
　　　2.2.4　超文本传输协议 23
　2.3　数据清洗 24
　　　2.3.1　处理缺失值 24

		2.3.2　处理异常值 ····· 25
		2.3.3　处理噪声 ····· 26

第3章　基础统计分析 ····· 29
- 3.1　统计学的基本概念 ····· 29
- 3.2　连续变量的统计描述 ····· 30
  - 3.2.1　频数 ····· 30
  - 3.2.2　集中趋势描述指标 ····· 32
  - 3.2.3　离散趋势描述指标 ····· 33
- 3.3　分类变量的统计描述 ····· 33
- 3.4　常用统计图 ····· 34
  - 3.4.1　饼图 ····· 35
  - 3.4.2　柱状图 ····· 36
  - 3.4.3　散点图 ····· 38
  - 3.4.4　折线图 ····· 39
- 3.5　统计分析应用示例 ····· 41
  - 3.5.1　人口变化总趋势 ····· 41
  - 3.5.2　人口结构变化 ····· 42
  - 3.5.3　二胎与生育率 ····· 43

第4章　多维数据分析 ····· 45
- 4.1　多维数据概述 ····· 45
- 4.2　多维数据过滤分析 ····· 46
- 4.3　相关性分析 ····· 50
  - 4.3.1　一般性相关性分析 ····· 50
  - 4.3.2　多维数据可视化相关性分析 ····· 51
- 4.4　聚类分析 ····· 52
- 4.5　降维分析 ····· 54
  - 4.5.1　主成分分析 ····· 54
  - 4.5.2　多维尺度变换 ····· 56
  - 4.5.3　T分布随机邻域嵌入 ····· 57
- 4.6　多维特征提取 ····· 58
  - 4.6.1　雷达图 ····· 59
  - 4.6.2　用户画像 ····· 59
  - 4.6.3　Radviz特征提取 ····· 60
- 4.7　多维数据分析应用示例 ····· 61
  - 4.7.1　郡县特征的关联度 ····· 61
  - 4.7.2　多维度分析得票率的关键因素 ····· 63

目 录

第5章 时序数据分析 ... 65
- 5.1 时序数据概述 ... 65
- 5.2 多维时序数据呈现——折线 ... 67
- 5.3 多维时序数据呈现——柱状 ... 69
- 5.4 预测分析 ... 72
  - 5.4.1 移动平均 ... 72
  - 5.4.2 指数平滑 ... 73
  - 5.4.3 三次指数平滑 ... 74
- 5.5 周期性检测 ... 75
- 5.6 时序分析应用示例 ... 77
  - 5.6.1 美国各州新冠病毒肺炎确诊病例数的动态变化 ... 77
  - 5.6.2 美国纽约州、加州疫情发展变化 ... 79
  - 5.6.3 美国疫情总体态势 ... 80
  - 5.6.4 美国疫情预测 ... 81

第6章 地理数据分析 ... 83
- 6.1 地理热度分析 ... 83
- 6.2 地理空间分析 ... 86
- 6.3 连接地图 ... 87
- 6.4 地理分析应用示例 ... 88
  - 6.4.1 美国疫情确诊情况 ... 88
  - 6.4.2 美国疫情死亡情况 ... 90
  - 6.4.3 美国疫情传播分析 ... 91
  - 6.4.4 宅在家里还是出门旅行 ... 93

第7章 图数据分析 ... 95
- 7.1 图数据概述 ... 95
- 7.2 树图 ... 96
- 7.3 图数据的量化可视化分析 ... 98
  - 7.3.1 矩形树图 ... 98
  - 7.3.2 旭日图 ... 98
- 7.4 图数据嵌套关系分析 ... 99
  - 7.4.1 矩形堆积图 ... 99
  - 7.4.2 圆堆积图 ... 100
- 7.5 图数据中的关联数据 ... 101
  - 7.5.1 弧线图 ... 101
  - 7.5.2 极坐标弧线图 ... 101
  - 7.5.3 弦图 ... 102

		7.5.4 冲积图 ··· 103
7.6	力导向布局分析 ··· 104
	7.6.1 力导向设计思路 ·· 104
	7.6.2 力导向布局优点 ·· 104
	7.6.3 力导向布局缺点 ·· 105
7.7	搜索算法 ··· 105
	7.7.1 广度优先搜索算法 ······································ 106
	7.7.2 深度优先搜索算法 ······································ 108
7.8	最短路径算法 ·· 109
7.9	图分析应用示例 ·· 109
	7.9.1 美国人口普查分区 ······································ 110
	7.9.2 美国新冠病毒肺炎确诊病例按人口普查分区分布 ······· 110

第8章 文本数据分析 ··· 115

- 8.1 文本数据概述 ·· 115
- 8.2 文本向量化 ··· 116
  - 8.2.1 词袋模型 ··· 116
  - 8.2.2 Word2Vec 模型 ······································ 116
- 8.3 分词 ··· 118
- 8.4 关键词提取 ··· 120
- 8.5 知识图谱 ·· 121
- 8.6 其他文本处理技术简介 ······································ 122
- 8.7 文本分析应用示例 ··· 124
  - 8.7.1 特朗普和拜登社交媒体回复——舆情分析 ·········· 124
  - 8.7.2 特朗普和拜登在社交媒体上的宣传策略 ············ 125
  - 8.7.3 小结 ··· 127

第9章 多媒体数据分析 ·· 129

- 9.1 数字图像处理 ·· 129
  - 9.1.1 亮度调整 ··· 130
  - 9.1.2 直方图均衡化 ·· 132
  - 9.1.3 高斯平滑 ··· 133
  - 9.1.4 边缘检测 ··· 135
- 9.2 数字音频处理 ·· 135
- 9.3 数字视频处理 ·· 137
- 9.4 多媒体分析应用示例 ·· 137

第10章 综合应用示例：中国社会发展调研 ·················· 139

- 10.1 经济总体指标分析 ·· 139

10.2　城镇化发展分析 ··· 142
10.3　国际影响力分析 ··· 145
10.4　科技发展分析 ·· 147
10.5　教育发展分析 ·· 149
10.6　文化发展分析 ·· 151
10.7　医疗卫生发展分析 ·· 153
10.8　环境治理状况分析 ·· 154
10.9　居民收入变化分析 ·· 156

参考资料 ··· 161

第 1 章

引　　言

　　大数据正在影响着这个时代，学习和应用大数据成为当今很重要的一项能力。本章从大数据的发展历程出发，逐步引出大数据的概念，并且讨论大数据对社会上一些代表性行业的深刻影响。之后，本章简要讲解大数据分析的相关知识。本书的分析都结合了相关类型的大数据图形来进行展示，因而我们会介绍数据可视化的一些基本知识和相关应用。

1.1　大数据的发展历程

　　大数据是信息技术和计算机技术持续发展的产物。它为人们提供了一种可量化的认知世界的方式，称得上是一次重大的科技进步。2009 年，谷歌公司的工程师们根据用户的搜索数据，成功预测了甲型 H1N1 流感在全球范围的流行，该预测结果甚至早于美国公共卫生官员的判断。谷歌公司对流行病的预测方法并不需要大规模实地检测，而是利用每天数十亿次用户的网络搜索数据，得出了上述预测结果。这便是谷歌公司基于大数据的分析技术为社会生活提供支持的一个典型应用案例。

　　现在我们对大数据似乎已经司空见惯。可是在当时，这些数据数量巨大、不断产生，甚至连储存查找都很困难。谷歌是如何实现对这些数据存储和处理的呢？

　　早在 2003 年，谷歌就发表了一篇论文，提出了谷歌文件系统(The Google File System，GFS)。这是一个可拓展的分布式文件管理系统，它将拍字节(PB)级别的大文件切分成若干部分，把每一部分复制三份，然后存在不同的机器上。这些机器有的是廉价的，甚至是稳定性较差的，但也能储存一些小块的文件。当一部分机器不工作时，可以从其余机器中取得所需的文件，并对其他部分的文件进行自动恢复。

　　这一开创性的设计拉开了大数据时代(见图 1.1)的序幕。它为处理大数据提供了一个优秀的解决方案，即连接很多性能一般的机器，把存储和计算都分配到这些机器上，来构建一个整体性能很强大的系统。利用这个解决方案，谷歌完成了对用户搜索历史等数据的分析，从而开始了世界上规模很大的广告服务。而后，这种思路又指导了开源社区的阿帕奇·海杜普（Apache Hadoop）的文件系统设计。大量参与者由此进入大数据这个新的领域之中，大数据技术开始得到迅猛发展。

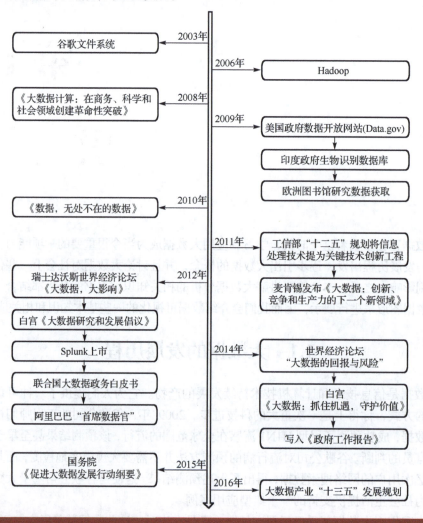

图1.1 大数据发展里程碑

2008年，计算社区联盟发表了《大数据计算：在商务、科学和社会领域创建革命性突破》，提出大数据最重要的不是数据或处理数据，而是找到新用途、发现新见解。

2009年，很多国家开始了数据库的建立和分享。美国政府建立了一个政府数据开放网站(Data.gov)，让政务数据变得更加透明和易于获取。印度政府建立了生物识别数据库来进行身份认证管理。欧洲的一些研究性图书馆通过与科技信息研究机构的合作，将科研数据上传至网络，以便读者获取。

2011年，著名咨询公司麦肯锡发布报告《大数据：创新、竞争和生产力的下一个新领域》,对大数据进行了全方位的介绍与展望,宣布了大数据时代的全面到来。同年,在我国工业和信息化部(工信部)发布的物联网"十二五"规划中,明确将信息处理技术提为关键技术创新工程。

2012年,达沃斯·世界经济论坛将大数据作为主题之一,并称之为新的资产类别。美国奥巴马政府发布《大数据研究和发展倡议》。联合国也发表了关于大数据政务的白皮书,大数据从商业行为上升到国家战略。同年,Splunk成为首家上市的大数据处理公司。阿里巴巴设立了首席数据官一职。

2014年,大数据出现在我国的《政府工作报告》中。

2015年,国务院印发《促进大数据发展行动纲要》。

2016年,我国的"十三五"规划正式提出,实施国家大数据战略。

2019年,5G商用牌照的正式发放,标志着我国开启了新一代通信技术的商用时代,同时也意味着更加广泛、更加大量、更加高速的数据将活跃起来,我们也将迎来大数据更加辉煌的时代。

1.2 大数据的概念和定义

根据我国《中国大数据产业发展水平评估报告(2018年)》,大数据定义如下:大数据是以体量大、类型多、存取速度快、应用价值高为主要特征的数据集合,正快速发展为对数量巨大、来源分散、格式多样的数据进行采集、存储和分析,从中发现新知识、创造新价值、提升新能力的新一代信息技术和服务业态。由此可见,"大数据"一词既包含了数据本体,以及对数据进行处理的技术手段,又体现了数据价值所带动的新兴产业。

在当前的计算机体系结构下,数据依照二进制规则实现物理的存储。在表1.1中,我们列出了目前常用的存储单位和对应的含义或应用场景。

表1.1 各级数据存储单位的关系与对比[①]

单位	英文缩写	大小关系	含义或使用场景
位	Bit	一个0或1	储存信息的逻辑单元,表示一个二进制数字
字节	Byte	8位	计算机存储信息的基本单位 一个汉字或字母根据不同的编码方式,会占1~4字节
千字节	KB	1024字节	一篇800字的作文约为3KB
兆字节	MB	1024千字节或2^{20}字节	一首MP3格式的歌曲约为4MB
吉字节	GB	1024兆字节或2^{30}字节	一部MP4格式的电影约为2GB
太字节	TB	1024吉字节或2^{40}字节	一台家用计算机的硬盘约为1TB 中国国家图书馆的印刷版图书馆藏约为10TB

---

① 部分例子参照于徐子沛.大数据:正在到来的数据革命,以及它如何改变政府、商业与我们的生活(3.0升级版)[M].桂林:广西师范大学出版社,2015.

续表

单位	英文缩写	大小关系	含义或使用场景
拍字节	PB	1024太字节或2^{50}字节	谷歌一小时数据处理量约为1PB
艾字节	EB	1024拍字节或2^{60}字节	美国2021年即将建成的超级计算机的存储能力约为1EB
泽字节	ZB	1024艾字节或2^{70}字节	英特尔预测,2020年中国数据总量将达到8ZB,约占全球的1/5

大数据通常包括5个典型的特点,简称"5V"标准,Volume(大量)、Variety(多样)、Value(价值密度低)、Velocity(高速)、Veracity(真实性),具体内容如下。

1.2.1 大量(Volume)

对于个人使用者来说,电子设备的普及,特别是智能手机的普及,使得互联网普及率不断提高。截至2020年3月,我国网民规模为9.04亿人,互联网普及率达64.5%[①]。各种社交应用、内容应用、电商应用及游戏应用,都在通过商业逻辑的迭代和内容质量的升级来吸引用户,从而提升了用户的使用时长,也增多了用户与应用之间的交互数据种类(如图1.2所示,智能手机通话业务以外的使用比例在不断增长)。

每月参与特定用途的智能手机用户比例

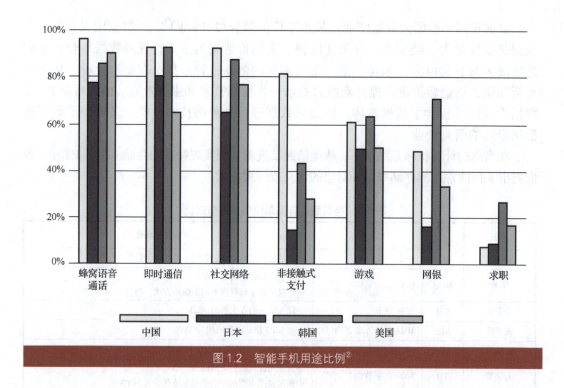

图1.2 智能手机用途比例[②]

---

① 数据来自中国互联网信息中心,第45次《中国互联网络发展状况统计报告》,2020-04.
② 图片来自GMSA移动智库,《中国移动经济发展2019》.

对于企业而言，逐步进行的现代化、信息化建设，使得企业从生产到售后的各个环节都有着可量化的数据。对于人员的评价和管理，也都以数据的形式进行保存。随着在线办公软件的普及，将会有更多的数据上传至网络。

对于政府来说，涉及管理和服务的数据更为广泛，包括交通、政务、医疗、教育等诸多方面。在大数据时代，需要通过推进数据资源的采集、整合、共享和利用，来加速智慧城市建设。

1.2.2 多样（Variety）

早先人们能够利用的数据大多数是结构化数据，也就是储存在规范的数据库里、格式经过设计、内容很少出错的数据。但在高速增长的数据时代，结构化数据只是少部分，而那些文本、网页、图像、音频、视频等非结构化数据才是数据爆发式增长的主力。

根据数据不同的特征，通常情况下，数据可以分为以下几类。

多维数据：数据集中的数据对象都拥有多个相同的变量。

时序数据：数据对象严格按照其时间变量排列。

地理数据：数据对象具有地理分区或地理位置变量。

图数据：数据集包含对象和这些对象之间的关系。

文本数据：以字符串形式储存的数据。

多媒体数据：图像、音频、视频等形式的数据。

1.2.3 价值密度低（Value）

大数据由于体量大、类型多，导致数据价值的分布过于分散，例如，想研究某地区电商发展情况，有用的信息可能散布在数个电商平台、数千种产品、数十万个页面之中。想要挖掘数据价值，如沙里淘金一般。另外，传统的结构化数据可能会掺杂着设计者的偏见，而非结构化数据又过于零散，有些甚至被忽略。因此，从数据中挖掘价值是大数据技术最重要的应用目的之一。

1.2.4 高速（Velocity）

大数据时代，数据产生的速度非常快。有数据显示，中国网民每小时浏览网页和使用应用产生的数据是数以十亿计的。另外，很多数据的时效性比较高，这就对数据处理的速度提出了很高的要求。下面以实时竞价广告（Real Time Bidding，RTB）的业务流程来举例（见图1.3）。当用户在打开一个有广告的界面时，其cookie（某些网站为了辨别用户身份而储存在用户本地的数据）和国际移动设备识别码（IMEI，相当于每一部移动设备的身份证）等特征数据会被提供给系统。系统要以特征数据去查询用户属性（性别、年龄、收入等标签），然后再根据用户属性从推荐列表里找到对应的广告，返回到流量窗口去竞价。为了保证用户体验，整个加载过程的时间要控制在0.5秒内。

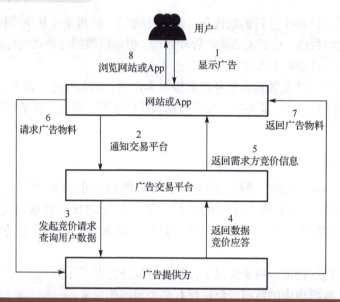

图 1.3　RTB 广告竞价业务流程①

1.2.5　真实性（Veracity）

大数据的价值都是以数据的真实性为前提的，如果由于伪造、错误等原因导致数据缺乏真实性，那么进行大数据分析就没有任何意义了。例如，在分析用户行为时，若数据中大多都是网络水军用脚本刷量造成的，那么无论使用多么先进的分析算法，也不可能得出客观、可信的结论。

1.3　大数据对社会的影响

今天，大数据对社会的影响已经体现在生活的方方面面。提及大数据的作用，大多数人的第一反应是商业领域，即根据用户数据精准营销，把货卖给更多的人、卖出更高的价格。实际上，大数据在医疗、教育、交通等行业带来的贡献更加不容忽视。不难发现，"数据不仅可以治国，还可以强国"。正因如此，推动大数据发展在近年来已经上升到国家战略的层面。接下来我们从经济发展、社会保障和数据治国三个方面简述大数据的影响。

1.3.1　大数据促进经济发展

大数据是信息技术的产物，和信息产业、互联网的蓬勃发展密切相关。随着 5G 移动通信的商业化应用，5G 技术将进一步推动信息产业（如芯片制造、电子元器件、通信设备等）、消费电子产业（如智能终端、各类传感器等）、互联网产业等领域的升级，大数据在这几个领域都有着重要的发挥空间。

---

① 图片来自 https://zhuanlan.zhihu.com/p/25596267.

著名的电子商务网站亚马逊就以其个性化推荐系统而出名。所谓个性化推荐系统,是指在网站的关键位置给不同的用户显示不同的推荐产品。亚马逊使用的推荐算法十分朴素:推荐用户曾购买过的物品的相似物品,或是用户的社交网络好友喜欢的物品,或是用户购买某一物品时推荐其他用户会打包购买的其他物品。这一基于大数据技术的推荐系统,为亚马逊增加了至少20%的销售额。

另外,对于金融、农业、服务业等传统行业,大数据也有着巨大的使用潜力。以金融行业为例,金融行业是数据资源极其丰富的传统行业,而且对于数据的应用由来已久。在传统方法中,银行对企业用户的违约风险评估多是基于过往的信贷数据和交易数据等静态数据,但这种方式其实是缺少前瞻性的。因为影响企业违约的重要因素并不仅仅是企业的历史信用情况,还包括行业整体风向和实时经营情况,而大数据则有能力将这些因素考虑进去,从而使得信贷风险评估更趋近于事实。

对于证券投资来说,大数据可以有效拓宽证券企业量化投资的数据维度,帮助企业更精准地了解市场行情。量化投资可以获取更广阔的数据资源,构建更多元的量化因子,建立更加完善的投研模型。证券企业应用大数据,对海量个人投资者进行持续性的跟踪监测,对账本投资收益率、持仓率、资金流动情况等一系列指标进行统计、加权汇总,了解个人投资者的交易行为、投资信心与发展趋势、对市场的预期及当前的风险偏好等,从而对市场行情进行预测。

对于保险服务商而言,一个重要的工作是对客户进行风险判断,对于高风险群体收取较高的费用,对于低风险群体则降低费用,通过利用灵活的定价模式提高客户的黏性。大数据为这样的风险判断带来了前所未有的创新。如在汽车保险中,服务商可以通过收集用户的行车频率、行车速度、急加速急刹车频率等来判断用户的行车习惯,为那些开车谨慎的用户降低保费。医疗保险服务商也可以获取用户的每日行走步数、睡眠时长和心率,发现潜在健康风险,并相应调节保费。

1.3.2 大数据提升社会保障

医疗、教育、交通这些社会保障行业存在着一些共同特点:它们主要是由国家和政府担纲,所需投入高,产出的资源在国民日益增长的需求面前显得有所不足。大数据对一些具体问题的解决,有可能带来这些产业的底层逻辑变更,从而优化公共资源的配置。

我们以医疗为例。医疗产业是一个重数据密度的传统行业,但是这一行业中沉淀的大量数据一直未能得到良好的发掘与应用。究其原因,主要在于技术手段不强和管理意识不足。首先,庞大的数据量难以处理。例如,使用计算机断层扫描技术(Computed Tomography,CT)检查头部肿瘤、钙化和骨创伤等疾病(见图 1.4),一次 CT 检查有时可拍出数千幅原始图像,数据总量达到数百兆甚至更多。其次,医疗数据的形式是多样的,既有病历单、测验单等文本,也有医学影像的图片或视频。这些大量的数据往往相互重复冗余,并且需要不停地更新,以便及时跟踪病人的最新疾病态势。而目前大部分医疗卫生机构的数据之间相互割裂,存在数据"孤岛"现象。

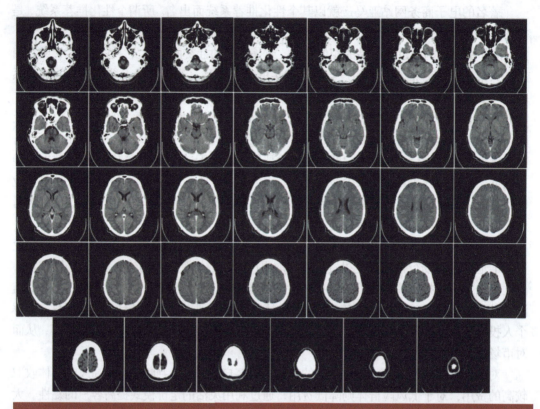

图 1.4　从颅底到顶部的人脑计算机断层成像扫描

　　有效运用大数据技术,能够在很大程度上发挥医疗数据的价值,从而使医疗效率和效果得到提升。例如,通过数据共享,提升医生获取病人信息的效率,降低门诊时医患沟通的压力,缩短医疗和诊断的时间。另外,通过对人们日常健康数据的监控和分析,实现从病后治疗到病前预防的转变,将更多传统医疗机构之外的参与者带入医疗保健行业,对于提升国民整体健康状态有更加积极的意义。

　　从技术角度来说,大数据处理分析中的重要一环是数据结构化。以医疗文本为例,通过使用自然语言处理技术(详见第 8 章),将包含大段自由描述的原始文本转换为结构化的语义,进而构建语义网络,即一种用图来表示不同信息的关联方式,其中信息被表示为一组节点,而节点之间的有向直线表示节点之间的关系。计算机可以通过逻辑计算理解语义网络中的文本数据,提供决策支持。对于 X 射线、CT、磁共振成像等设备产生的影像数据,可以通过计算机视觉等相关技术,利用深度学习来完成特征提取,再对特征进行识别、分类等工作,训练人工智能读懂医学影像,供风险评估。

1.3.3　数据治国

　　数据的运用一方面为业务层带来了新途径和新手段,另一方面也为决策层提供了宝贵的调研信息。政策的制定实际上是通过对某个事物建立认知模型,然后综合考虑集体目标和各种制约，再根据该认知模型做出决策的过程。在小规模范围内，凭直觉有时也能完全掌握事物的规律。但是范围上升到一县、一市、一省之后，很多问题的影响因素往往隐藏在人们的既有认知之外。例如，为什么同样发展电商经济，一个县成功了，而另一个县以类似的方式却失败了？这两个县的自然地理和社会人文的差异在哪里？导致失败的主要因素是什么？如果不想在高成本的试错中踉折前行，就需要大数据帮助我们建立对事物客观、全面、系统的认知，以数据分析为支撑，再有机结合自身的经验和直觉，做出更理想的决策。

政务大数据涉及的范围非常广，既包括众多政务机构的管理信息和工作日志，也包括气象、交通等部门对物理环境监测得到的自然数据。在医疗、交通、教育、气象等某个具体领域内，大数据技术能够解决分配、预测、调控等具体问题，从而改善各部门的工作和服务水平。更有意义的是，通过整合这些不同领域、不同来源的数据，能够有效应对现有工作中存在的一些问题。例如，利用交通、气象部门提供的数据，进一步为公共安全提供信息服务，完成治安防控、反恐维稳、自然灾害应急处理等任务。

当然，建立完善、高效、可靠、安全的大数据管理体系是艰难而又漫长的过程。新数据的产生速度总是比规划的速度快，不同部门、不同格式、不同存储载体的数据彼此之间像一座座孤岛，需要联通整合。而且，数据的分享在权限、隐私、安全等多方面存在一定的风险，如何在高效利用数据的过程中，又控制住数据滥用的风险，是涉及技术、政治、经济等多个维度的重要问题。因此，利用好数据，治理好国家，这一过程既充满机遇，又面临种种前所未有的挑战。

1.4 大数据的分析方法

根据实际操作流程和技术的演进，大数据分析可大致分为如图 1.5 所示的几部分。首先是对数据的预处理，包括收集、存储、清洗和整合。之后，可以使用统计学方法，得到一些数据特征的描述。为了发掘数据隐含的更深层次的价值，可进一步采用数据挖掘技术（初级的机器学习技术），以及人工智能技术（高级的机器学习技术）。可以预见的是，在未来还将会有更先进的技术被应用于数据分析领域。

1.4.1 统计

统计学是研究不确定现象规律性的学科。统计学的基本研究过程可以分为抽取样本、描述统计和统计推断三部分。抽取样本是要从总体（所有感兴趣个体的集合）中选择合适的样本（总体的一个子集）进行数据收集。描述统计是通过表、图和数值等方法，对数据的分布、数字特征和变量之间的关系进行估计和描述。统计推断是利用从一个样本获得的数据对总体性质进行估计或假设实验的过程。统计学自然而然地认为我们只能通过研究样本来对总体进行分析，所以利用概率论来建立数学模型成为一种解决问题的重要工具。本书第 3 章将会详细讲解一些统计学的基础知识。

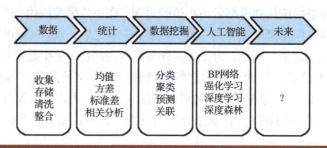

图 1.5 大数据分析的组成

统计学方法对数据的真实性和可靠性要求比较高。下面我们用一个例子来说明这个问题。几个世纪以来，在海洋上航行的渔民、商船、军队和科学家都在测量海面温度，这可以帮助他们确定航线和预测天气。如今，超过 1.55 亿条数据[①]被汇集起来，用于研究海洋表面的温度变化。根据这个数据的研究结果，20 世纪初全球海洋的温度变化差异很大，以至于现有的大气与海洋模型很难做出解释。实际上，在这样时间跨度巨大的观测记录中，人们进行测量时所使用的工具与手段不尽相同，甚至后来数据汇总时也采取了不同的精度，导致这些数据本身良莠不齐。例如，1945 年的数据显示海洋温度突然上升，实际上是由于在船只引擎附近进行温度测量导致的。在最近的一项研究中，通过"观测距离在 300 千米以内、时间相隔两天的不同船只测得海面温度值的差异"，发现了一些较大的偏差。此外，通过进一步对 1935—1941 年间的数据来源进行调查发现，原本的精度 0.1℃在数字化时被截取到了整数位。当研究人员修复这一偏差后，得到了更加平滑的温度曲线。

统计学的相关方法通常还面临以下两个缺陷。

第一，利用有限的样本进行数据分析，不可避免地会因为样本的偏差导致分析结果与事实有一定的差距。目前有效的做法是随机采样，抽取样本时的随机性越高，分析的精确度就越高。但没有偏见的随机采样总是知易行难。

第二，数据的获取通常是目的性很强的，数据的类型也是预先设计的。也就是说，原始数据具备很强的专一性，缺乏通用性。很多时候，当针对某个问题的研究结束之后，原始的数据像被咀嚼过的甘蔗，失去了二次开发的价值。

1.4.2 数据挖掘

数据挖掘是通过探测大型数据库来发现先前未知，或者对未来进行预测的。例如，百货公司可以通过对以往顾客消费习惯的分析，预测一位新的顾客是否会消费 100 元以上。数据挖掘是一个跨学科的计算机科学分支，涉及统计学、数据库和机器学习等领域。数据挖掘的常见任务有以下几种。

预测建模：为目标建立可量化的数学模型。

聚类分析：将特征相似的观测值各自分组。

---

① 数据来自 https://news.harvard.edu/gazette/story/2019/07/researchers-find-a-simpler-pattern-of-ocean-warming/.

关联分析：描述目标不同特征之间的相互关系。

异常检测：识别其特征显著不同于其他数据的观测值。

一个经典的数据挖掘案例是购物篮的分析问题。通过将购物小票作为一个数据集，找出那些经常出现在一起的商品。例如，啤酒和尿布在同一个购物清单出现，说明年轻的爸爸们在买尿布的时候会顺便犒劳一下自己。再比如日本超市的垃圾袋和速溶咖啡总会在下午的某个时间段一起被购买，这是因为后勤员工在采购时，通常会帮同事带货。购物篮分析是一种相关性分析，可以帮助大型商超优化货架管理，从而提升销售额。但相关性不等同于因果性，想把相关性分析得到的结果变成有效的商业策略，还需要业务专家进行更多维度的考量。

1.4.3 人工智能

尽管人工智能一词的使用颇为普遍，但是不同的人对它的定义有着不同的理解。一个相对标准的定义是，人工智能是关于智能主体的研究与设计的学问，其中"智能主体"是指一个可以观察周遭环境并做出行动以实现某个目标的系统。

通俗而言，我们可以简单认为人工智能就是机器学习，即让机器学习数据，并利用所习得知识解决某个具体问题。经过近二十年的迅猛发展，机器学习技术已经在很多领域展现出远超专家系统（用人类专家知识和逻辑推理规则解决特定问题的方法）和统计模型的效果。

得益于超强算力的支持，机器学习技术所采用的模型也变得更加复杂，从回归分析到深度学习，从监督/半监督学习到强化学习，这些方法在计算机视觉、语音识别、机器翻译、机器写作等领域表现出了惊人的性能，并且很多应用已经得到市场的认可。

目前人工智能最具代表性的应用之一就是车辆自动驾驶，它吸引着全球学术界和工业界的科研人员为之开展研究。实现自动驾驶的任务之一是对交通标志进行识别，这就需要利用数百万张交通标志的数据集，对卷积神经网络进行训练，得到一个识别模型。自动驾驶系统使用摄像头识别交通标志，然后根据不同的标志进行不同的操作。例如，遇到红灯时，结合车速和车距来决定如何刹车，还要应用控制理论处理不同路况下的刹车策略。在本书的第 8 章，我们将讨论一些有代表性的机器学习任务。

1.5 数据可视化技术

1.5.1 可视化历史

数据可视化是数据处理和分析的一部分，是帮助人们理解数据、读懂数据的重要手段。

人们使用数据可视化的方法至少有数百年的历史。1853 年，英国的一名护理人员弗洛伦斯·南丁格尔（Florence Nightingale），在提交给上级的报告中加入了大量手绘的表格、图形和地图,让人们意识到了当时医疗状况的严峻性。其中最为著名的就是图1.6所示的"玫瑰图"。

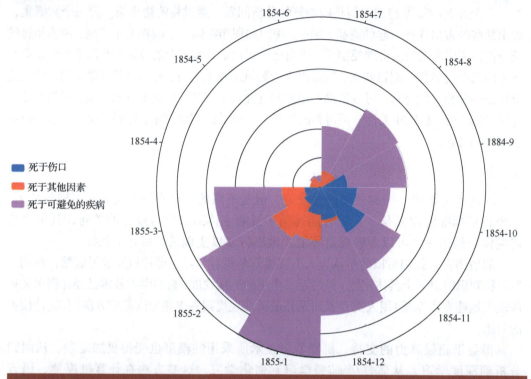

图1.6 南丁格尔"玫瑰图"

图1.6中统计了克里米亚战争期间英军阵亡士兵的各种死因占比,其中蓝色是死于伤口,红色是死于其他因素,紫色是死于可避免的疾病等。由于色块的面积与半径、人数成正比,导致了不同类别之间的差异被放大了,也使人们更加关注到这个问题。正是在南丁格尔的努力下,英国募资创建了世界上第一所护士学校。继而开创了护理学,与同时代的微生物学等学科,共同推动了现代医学的发展。

数据可视化不仅能增强表达效果,还能帮助研究人员发现和解决问题。如1854年8月英国医生约翰·斯诺(John Snow)研究伦敦的一场霍乱时,为了寻找霍乱的传染方式,他绘制了一张布拉德街区的俯视地图(图1.7),将每一个病例用一个黑点表示,标记在地图的相应位置,然后从地图上寻找有可能与之相关联的因素。在病例最多、最集中的区域,他拆除一口水井,成功地遏制了霍乱,由此证明霍乱是由不洁的水源传播的。

1.5.2 可视化概述

视觉是人类获取信息最重要的通道,超过50%的人脑功能用于视觉的感知。数据可视化技术,就是利用人眼的感知能力,对数据进行交互的可视表达,以增强认知的技术。也就是说,可视化通过将复杂且难以理解的抽象数据转换成人类易感知的图形、符号、颜色等形式的有机结合，实现数据信息和价值的传递。可视化通常分为科学可视化、信息可视化和可视分析。

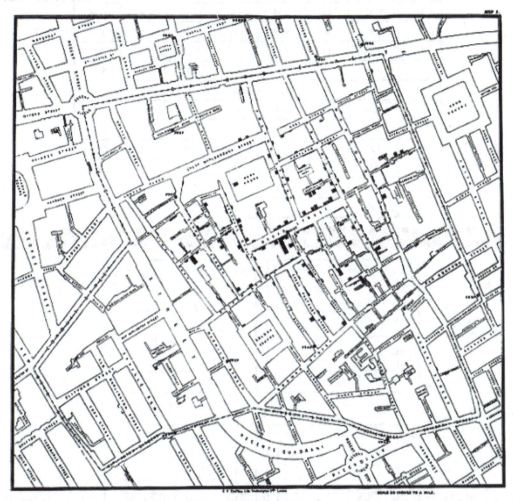

图 1.7　被称作"鬼图"的可视化分析

最具代表性的可视化案例是安斯库姆四重奏（Anscombe's quartet）。如图 1.8 所示，假设我们完成了四个组别对象的测定，得到如下数据，如何找出每组数据的内部分布规律呢？

如果我们直接计算各组数据的各统计指标，会发现 X 的均值、Y 的均值、线性回归方程、方差，四组都是一致的，无法进行区分。如果我们将每组数据都按照 X 的大小进行排序，再直接观察各自 Y 的值，就能得到一个直观的印象，但是并不明显。而使用可视化的方法，在直角坐标系中将数据点描出时（见图 1.9），用户则可以迅速发现和理解四组数据的不同：第一组数据没有明显的分布规律；第二组数据有规律但不是线性的；第三组数据是呈线性分布的，不过存在一个异常值；第四组数据呈现为密集的垂直分布，有一个完全的离群点。

(a)		(b)		(c)		(d)	
X	Y	X	Y	X	Y	X	Y
10	8.04	10	9.14	10	7.46	8	6.58
8	6.95	8	8.14	8	6.77	8	5.76
13	7.58	13	8.74	13	12.74	8	7.71
9	8.81	9	8.77	9	7.11	8	8.84
11	8.33	11	9.26	11	7.81	8	8.47
14	9.96	14	8.1	14	8.84	8	7.04
6	7.24	6	6.13	6	6.08	8	5.25
4	4.26	4	3.1	4	5.39	19	12.5
12	10.84	12	9.13	12	8.15	8	5.56
7	4.82	7	7.26	7	6.42	8	7.91
5	5.68	5	4.74	5	5.73	8	6.89

图 1.8 四个二维点集

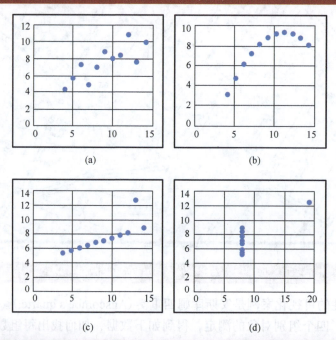

图 1.9 笛卡儿坐标系下的点集分布

单纯地将数据表示为图形，还不足以体现可视化功能的强大。以可视化为辅助，重点对数据进行分析，便形成了可视分析。通常来讲，可视分析是通过可视化界面的呈现方式，结合现代的分析手段来对数据进行分析的技术。其特点为"可视为先，分析分主"。如图 1.10 所示，可视分析能够创建交互的可视界面，利用人的观察和操作来控制、改变计算机分析的进程，从而把人类的抽象化知识和计算机已经格式化的知识结合起来。

1.5.3 可视化应用

如今可视化最主流、最成熟的应用方向莫过于商业智能(Business Intelligence，BI)，即利用数据仓库、数据挖掘和数据展示，辅助进行商业决策，以最大化预期的商业价值。作为其中代表，塔谱软件(Tableau)是以可视化技术完成快速商业智能的行业翘楚，它能够轻松地帮助用户将数据映射为横轴、纵轴、颜色、大小等可视化因素(见图 1.11)。另外，诞生不久的 Dagoo 可视化分析平台(www.dagoovis.com:8000)，也在 BI 领域发挥着作用。

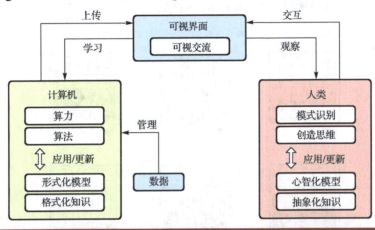

图 1.10 可视分析

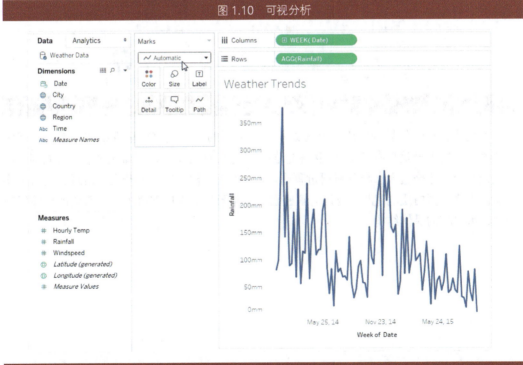

图 1.11 Tableau 产品分析界面

---

① 图片来自 https://www.tableau.com/zh-cn/products/desktop。

另一个常见的可视化应用领域是新闻行业。在这个用户注意力贵于千金的年代,纯文字的新闻慢慢失去了市场,新闻从业者需要使用直观而又精致的图表,将重要的信息迅速地传递给读者(见图 1.12)。

大屏展示也是可视化的一个重要应用。从政府展厅到企业展厅,大都需要酷炫的呈现方式来讲述单位的发展、产品,突出自己的优势和特点。随之而来的是一些开源的可视化库,如 DataV,echarts,D3 等,也在制作大屏可视化方面发挥了重要作用。

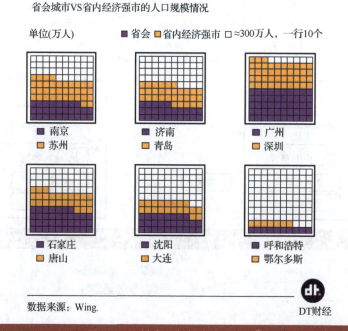

图 1.12　城市分析报告中的配图[①]

可视化在科学领域的应用更是无处不在。主要的用途是渲染呈现物质或是场,因为这些物质和场本身就具有三维空间结构。甚至通过设计可交互的三维模型,利用人脑的模式识别能力,让普通人参与到科研过程中。Foldit 是一款由科学家开发的游戏,它将真实的肽链折叠为蛋白质的过程,设计为解密游戏交给玩家,成功破解了一种重要的单体逆转录病毒蛋白酶的晶体结构。

---

① 图片来自 https://dtcj.com/datainsight/6198.

第 2 章
数据预处理

在对数据进行分析计算之前,我们首先需要得到格式良好、质量稳定的数据。这个过程一般包括数据的收集、清洗和整合等步骤,统称为数据预处理。

数据获取的途径主要包括三种:其一,可通过电子设备或传感器直接对物理世界进行测量,如声音、电流、温度、压力等物理量;其二,计算机、网络系统活动的记录,如用户请求内容、上传下载的数据量、请求耗时、操作时间、操作内容、交易金额、风险检查等,这些内容在计算机系统上大都有所记录;其三,在大数据时代,大量数据产生或存放于互联网,我们能够从互联网上够获取丰富多样的内容。

本章着重讲解从互联网提取数据的方式(网络爬虫),并且介绍对原始数据进行数据清洗的相关知识。

2.1 什么是网络爬虫

网络爬虫是一种能够将所需网络内容整理下载的程序。这种程序像一只爬行在互联网上的虫子,沿着网页之间的链接,按照一定的规则,自动化地进行内容抓取。早期的网络爬虫是搜索引擎爬虫,它们的功能很简单,就是沿着网页链接访问所有的网页,记录下这些网页的标题和内容,这样在用户查找某个关键词的时候,搜索引擎就可以返回合适的结果。

网络爬虫可以完成重复工作,大幅降低人工成本。举个例子,如想选购笔记本电脑,需要对比许多款笔记本电脑的参数、功能和价格,传统方法需要手动打开不同笔记本电脑的页面,复制其中的关键内容,再粘贴保存在本地文件中。这样的操作重复性高,时间消耗大。这个时候,如果使用网络爬虫,在制定好网络爬虫的运行规则之后,程序就可以自动地完成这一任务。

使用网络爬虫前需确认目标网站的内容分享规则,确保无法律风险。一个普遍适用的方法是查看并遵守目标网站的爬虫协议文件（robots.txt）。这个文件一般存放在网站根目录下，即访问"网站域名/robots.txt"。比如，在苹果官网的爬虫协议（见图 2.1）中，针对所有网络爬虫给出了一系列不允许访问的页面内容。

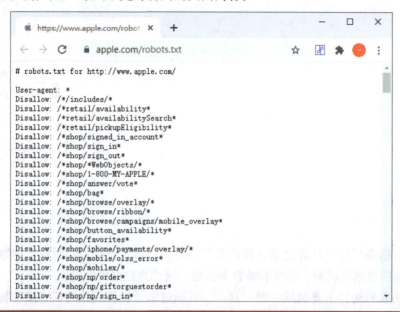

图 2.1　苹果官网的爬虫协议

2.2　网络爬虫的实现

2.2.1　Python 编程语言

网络爬虫可以用 Python 编程实现。Python 是一门高级编程语言，其代码具有简洁的语法和优秀的可读性。这使得初学者只要可以读懂英文，基本就可以读懂代码的含义，也使得 Python 在完成相同任务时往往只需要更少的代码行数。如图 2.2 所示，使用 Python 执行一个打印的命令，右上区域是代码内容，只有一行，下方区域则是运行结果。

此外，Python 有氛围良好的线上社区，并且在 Web 应用、游戏、数据分析、可视化等诸多领域已经建立了丰富的开源库。各式的开源库能够大大简化编程的工作量，把更多的精力留给独创性工作。当我们需要把一组数据画成一张折线图时，就不必再通过编程一一绘制横纵坐标轴、数据点和连接线，而是调用一个画折线图的库来直接完成。

考虑 Python 的普及程度和上述的资源优势，本书后面的内容都基于 Python 和相关第三方库来讲述，并且着重于数据分析过程和思路的介绍，而非代码开发的讲解。如果读者有更高的需求，想完成自定义的分析操作，可以按照本书的讲述顺序，寻找一些官方文档和其他教材来学习 Python 及其第三方库的具体使用方法。

第 2 章 数据预处理

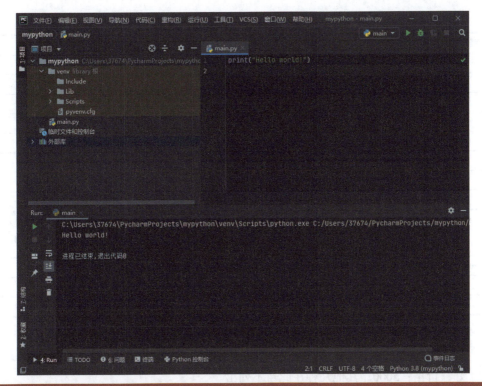

图 2.2　用 Python 打个招呼

● 2.2.2　正则表达式

当我们在互联网上对比不同笔记本电脑的价格时，通常会打开某个型号笔记本电脑的介绍页面，然后查找"价格"这个关键词，价格后面的数字就是我们要找的数据。同样的道理，当使用程序实现这一过程时，需要让程序对某些特定的文本格式和内容进行识别，这就要用到正则表达式。

正则表达式(Regular Expression，RE)是计算机科学里的一个概念，即用一个字符串来描述一个规则，从而找到符合这个规则的所有字符串。在 Python 中，导入官方库"re"即可使用正则表达式(表 2.1 中是部分 Python 正则表达式模式)。

如在一段文字中，我们希望找到"所有颜色的苹果"。在具体操作时，不需要编辑程序搜索"红苹果""绿苹果"等所有可能出现的字符串，而是直接构造表达式".苹果"，其中的点号"."即表示任意一个字符(换行符除外)。如果需要寻找网页中有关价格的内容，可以用表达式"价格：\d*"，其中星号"*"表示它前面的子表达式出现 0 次到无限次，它前面的"\d"要合起来看成一个字，代表数字，所以"价格：\d*"就可以匹配到"价格："或者"价格：123"之类的字符串。另一个重要的符号是"?"，它表示其前面的子表达式出现 0 次或 1 次。把这三个符号一起使用".*?"，就是使用正则表达式提取数据常用的组合。下面我们再通过一个实例进行说明。

假如我们面对的网页文本为：

表 2.1 部分 Python 正则表达式模式[1]

模 式	描 述
^	匹配字符串的开头
$	匹配字符串的末尾
.	匹配任意字符，除了换行符，当 re.DOTALL 标记被指定时，则可以匹配包括换行符的任意字符
[...]	用来表示一组字符，单独列出：[amk]匹配'a''m'或'k'
[^...]	不在[]中的字符：[^abc]匹配除了 a、b、c 之外的字符
re*	匹配 0 个或多个的表达式
re+	匹配 1 个或多个的表达式
re?	匹配 0 个或 1 个由前面的正则表达式定义的片段，非贪婪方式
re{n}	精确匹配 n 个前面表达式。例如，o{2}不能匹配"Bob"中的"o"，但能匹配"food"中的两个 o
re{n,}	匹配 n 个前面表达式。例如，o{2,}不能匹配"Bob"中的"o"，但能匹配"foooood"中的所有 o，"o{1,}"等价于"o+"，"o{0,}"则等价于"o*"
re{n,m}	匹配从 n 到 m 次由前面的正则表达式定义的片段，贪婪方式
a|b	匹配 a 或 b
(re)	对正则表达式分组记住匹配的文本

目前最受欢迎的几种型号主要有：型号：2018 款，参数：一般，价格：1000；型号：2019 款，参数：不错，价格：2000；型号：2020 款，参数：很好，价格：5000；其他几种在此暂不列出。

为了保证数据结构良好，并且不容易因为有个别缺失值而出错，可以进行分层抓取，即先使用表达式"型号：.*?；"将文本分成三部分：

型号：2018 款，参数：一般，价格：1000；
型号：2019 款，参数：不错，价格：2000；
型号：2020 款，参数：很好，价格：5000；

再使用"型号：(.*?)，""参数：(.*?)，"和"价格：(.*?)；"这三个表达式把关键数据提取出来，存为表 2.2。

表 2.2 正则表达式匹配结果

型 号	参 数	价格/元
2018 款	一般	1 000
2019 款	不错	2 000
2020 款	很好	5 000

这里使用括号，使得结果排除了括号外的部分，而".*?"比".*"更常用的原因在于，前者是不贪婪的，也就是说会把满足条件的最小结果依次返回，而后者是贪婪的，只会返回一个满足条件的最大结果。假如第一步使用的表达式是"型号：.*；"，结果就会得到文本：

---

[1] 图片来自 https://www.runoob.com/python/python-reg-expressions.html。

型号：2018 款，参数：一般，价格：1000；型号：2019 款，参数：不错，价格：2000；型号：2020 款，参数：很好，价格：5000；

这种结果显然不符合我们的需求，因此".*?"更加适用。

2.2.3 超文本标记语言

在日常生活中，我们所见到的网页往往不会只有一段又一段连续的文本，而是包含着文字、图像和炫酷的动态特效的框架结构。在这种情况下，如何设计爬虫程序呢？答案是从源代码入手（网页显示与其源代码见图 2.3）。

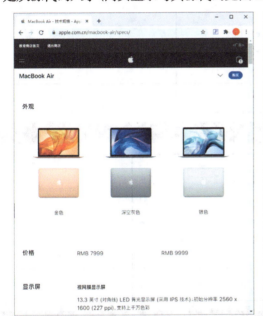 

图 2.3 网页显示与其源代码

网页的源代码是一种文本，是用超文本标记语言（Hyper Text Markup Language，HTML）描述的，非常适合爬虫进行处理。简单地说，HTML 描述了网页里有什么内容，也描述了内容如何呈现，这些内容包含了文字、图像、视频等。浏览器收到源代码后，按照规则将网页的内容渲染出来，供用户查看。需要说明的是，网页的源代码是完全公开的，只需要在浏览器中右键单击页面，然后单击"查看网页源代码"选项即可。一切在网页上可以看到的内容，在其源代码中都有迹可循，所以说"前端没有秘密"。

HTML 是由元素构成的树状结构。如图 2.4 所示的这个 HTML 实例，其中尖括号包起来的关键词是标签，通常成对出现，如<html>和</html>，它们像一对大括号，其中的所有内容都从属于<html>这个元素。

具体而言，<html>是整个 HTML 页面的根元素。<head>是头元素，存放网页的重要数据。<meta>是元数据，没有内容，只有一个属性，表示使用 UTF-8 编码格式。<title>是浏览器标签上显示的网页标题。<body>是显示在浏览器内的正文内容。<h1>是个一级标题。<p>是一个普通段落。以上都是一些比较经典的 HTML 元素。这样一段 HTML 代码交给浏览器后，就会渲染出如图 2.5 所示结果。

图 2.4　一个简单的 HTML 实例

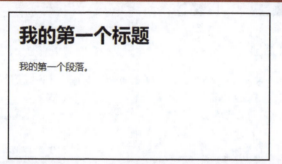

图 2.5　HTML 实例的渲染结果

而代码的层级关系（HTML 元素树）如图 2.6 所示。

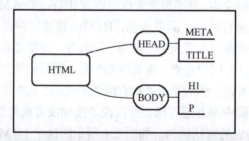

图 2.6　HTML 元素树

所以，提取一个网页页面信息的过程就转变为：看懂网页源代码，找到数据的存放位置，对相应的元素的内容或属性进行提取。这个提取的过程有两个成熟的库可以选用，XPath 和 Beautiful Soup。其中 XPath 是一门查询语言，它的工作方式像是在操作系统中打开文件夹一样，沿着一条路径层层下钻。Beautiful Soup 可以直接将网页源代码转化为树状结构的 Python 对象，进而以库中提供的方法对其进行操作。这种方法易于上手，但速度较慢。

⊃ 2.2.4 超文本传输协议

在我们解决了从 HTML 源代码中提取数据的问题之后，还剩最后一个关键点，就是如何自动地获得 HTML 源代码，这个问题可以通过浏览器找到答案。

在浏览器地址栏中，加在网页地址之前的"https://"（见图 2.7 方框标记处）代表网页的数据传输遵循超文本传输协议(Hyper Text Transfer Protocol，HTTP，s 表示加密协议，在此不赘述)。HTTP 是一个很简单的协议，在该协议下，客户端发送给服务器一个请求，服务器就返回给客户端一些内容。服务器既不会记录客户端之前发送过的请求，也不会始终和客户端保持连接。

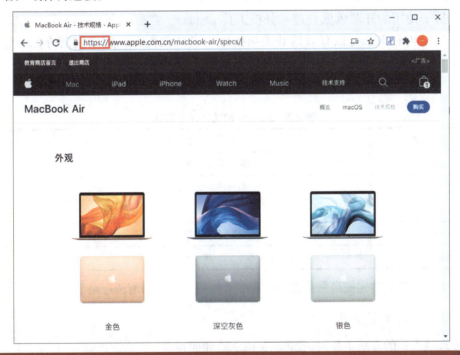

图 2.7 浏览器地址栏

想要获得网页内容时，爬虫程序只要发送 HTTP 请求给服务器就可以了。主要的 HTTP 请求只有 GET 和 POST 两种方式，GET 就是发送网页的统一资源定位符(Uniform Resource Locator，URL)，也就是网址，服务器会返回这个网址所对应的网页内容，这个过程正如同我们直接在浏览器地址栏输入一个地址并回车。而 POST 则是要把一些数据包含在请求的正文之中提交给服务器，服务器会根据提交的数据做出响应，如在搜索网站的搜索栏中输入内容并单击搜索按钮，或者输入账号密码进行登录。

Python 有一个第三方库 requests，利用其中的 get() 和 post() 方法可以很轻松地获取网页源代码。

2.3 数据清洗

原始数据的收集,往往是以数据内容为导向的,对数据格式的要求并不严格。同时数据收集受限于技术条件和手段,所收集到的数据质量和内容往往存在很多瑕疵。因此,对于数据分析来说,收集到的一手数据往往都不能直接拿来使用。

换句话说,通常大数据有很多不同的来源,非结构化的数据格式也不尽相同,这就导致数据中可能存在缺失、错误、格式混乱等问题。为此,数据分析师需要花费 80% 以上的时间来做预处理,包括加载、清理、转换和重新排列。在正式进行数据分析之前,对数据进行一些处理,以提升数据质量的过程,就叫数据清洗。

目前专门用来实现数据处理的工具软件有很多。这里我们介绍一个快速、强大、灵活且易于使用的开源数据处理和分析工具 pandas。它是一个 Python 第三方库,提供的数据结构和函数可以有效地处理结构化、表格化数据,完成数据清洗、整合和计算工作。pandas 的官网提供了使用方法,本节后续内容将专注于数据清洗的思路讲解。pandas 的统计计算函数如表 2.3 所示。

表 2.3 pandas 的统计计算函数

方法	函数功能	所属库
mean()	数据样本的算数平均数	Pandas
var()	数据样本的方差	
std()	数据样本的标准差	
cov()	数据样本的协方差矩阵	
describe()	数据样本基本描述(如均值、标准差等)	

接下来,我们讲述提高数据完整性和准确性的几种数据清洗思路。

2.3.1 处理缺失值

处理缺失值的方法主要包括删除(见图 2.8)和插补。

删除操作:包括删除数据的行和列。删除行,通常相当于删掉一个样本。当某行数据缺失关键变量时,可以通过删除行的操作,去掉质量差的样本。需要注意的是,这个操作会减少样本数量,从而可能会对后期的数据分析产生影响。删除列,意味着去掉缺失值过多的变量。当处理原始数据时,某些变量对所研究命题的相关性不强,可以采用删除列操作。

插补操作:对缺失的数据值进行填充。插补的方法有很多。如采用随机生成的数值进行插补,或者应用统计模型,将多个随机数值整合为一组结果。其他可用数值还包括平均数、中位数等统计量。另外,还可以通过发掘变量之间的相关性,通过设计估计算法,求出用于补缺的数值。

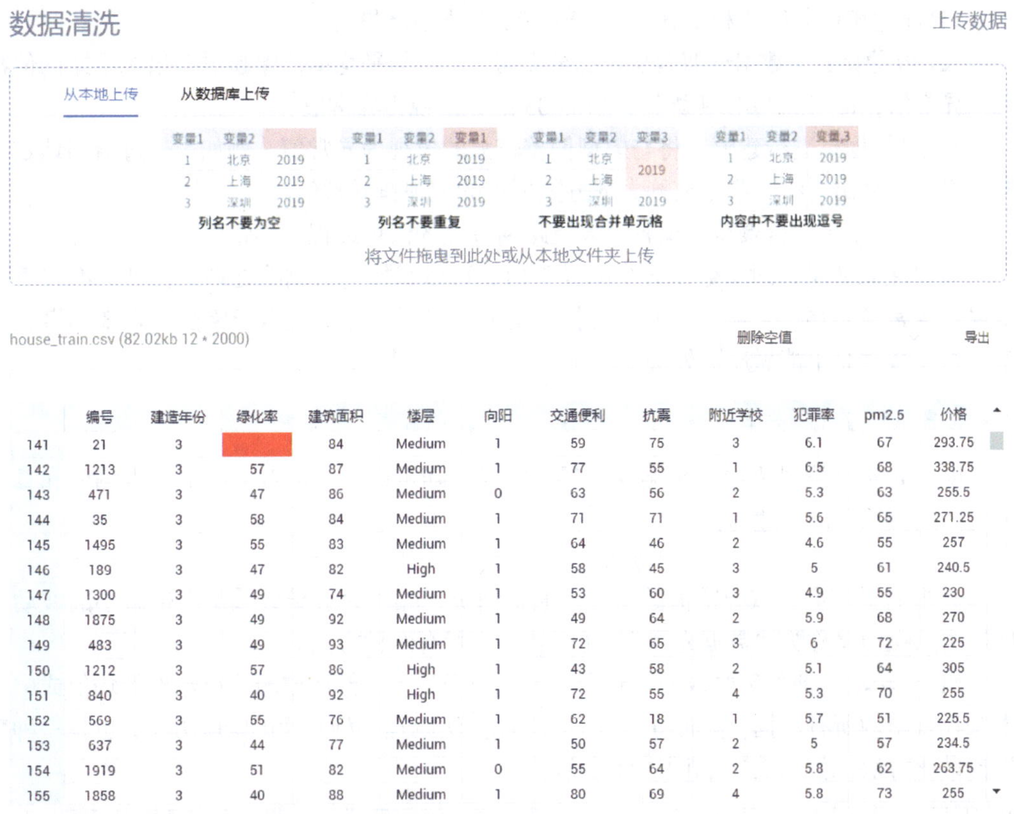

	编号	建造年份	绿化率	建筑面积	楼层	向阳	交通便利	抗震	附近学校	犯罪率	pm2.5	价格
141	21	3		84	Medium	1	59	75	3	6.1	67	293.75
142	1213	3	57	87	Medium	1	77	55	1	6.5	68	338.75
143	471	3	47	86	Medium	0	63	56	2	5.3	63	255.5
144	35	3	58	84	Medium	1	71	71	1	5.6	65	271.25
145	1495	3	55	83	Medium	1	64	46	2	4.6	55	257
146	189	3	47	82	High	1	58	45	3	5	61	240.5
147	1300	3	49	74	Medium	1	53	60	3	4.9	55	230
148	1875	3	49	92	Medium	1	49	64	2	5.9	68	270
149	483	3	49	93	Medium	1	72	65	3	6	72	225
150	1212	3	57	86	High	1	43	58	2	5.1	64	305
151	840	3	40	92	High	1	72	55	4	5.3	70	255
152	569	3	65	76	Medium	1	62	18	1	5.7	51	225.5
153	637	3	44	77	Medium	1	50	57	2	5	57	234.5
154	1919	3	51	82	Medium	0	55	64	2	5.8	62	263.75
155	1858	3	40	88	Medium	1	80	69	4	5.8	73	255

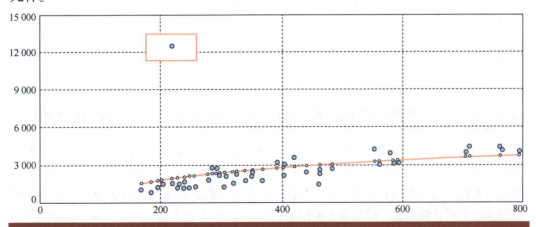

图 2.8　删除缺失值

2.3.2　处理异常值

异常值指的是在数据集中那些偏离正常取值区间的数值(见图 2.9)。异常值的存在，通常会给数据分析造成非常不利的影响。一般而言，判断异常值的方法包括以下几种。

图 2.9　异常值

(1) 通过统计分析，利用分位点（详见 3.2.3 节）来判断。

(2) 3σ 原则：当数据近似服从正态分布时，可将与平均值偏差超过三倍标准差的值都视作异常值，即将那些出现概率小于 0.003 的数值视为异常值。

(3) 对数据集进行建模，将与模型偏差较大的值视为异常值。例如，通过恰当地定义样本之间的距离，将一些远离绝大部分数据点的值视作异常值。

(4) 对数据集进行聚类，离各个大类距离较远的值可以视为异常值。

需要注意的是，对于数量较少的异常值，可以直接进行删除处理。另外，有些算法本身对异常值不敏感。对于一些风险控制的问题来说，异常值本身象征着未知的潜在风险，这些数值是不能做删除处理的。

2.3.3 处理噪声

噪声是在观测过程中，影响变量观测结果的随机误差。一般情况下，观测值和真实值之间的关系可以描述为：

$$观测值 = 真实值 + 噪声$$

严重的噪声会导致异常值的出现。通常情况，噪声只会导致数据产生微小的波动，所以去除噪声又称为"数据光滑"。处理噪声一般有两种方法。

(1) 分箱法。把相邻的数据装到同一个"箱子"里，然后取箱子里数据的均值或中位数来代替箱内所有数据，从而将噪声中和。此方法既是一种常用的降噪方法，也是一种数据离散化方法，如图 2.10 和图 2.11 所示。

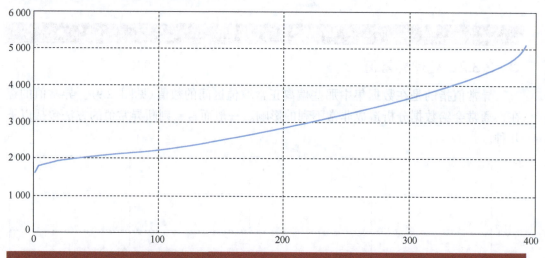

图 2.10 原始数据

(2) 回归法。根据已有数据，通过进行线性/非线性回归分析（详见 3.4.3 节），利用得到的解析表达式得到更为理想的数值，从而消除噪声的影响。对于图 2.10 所示的一组汽车参数数据，以马力为自变量，对重力做回归分析，得到的结果如图 2.12 所示。将所有数据点落到所得曲线上，即为降噪的结果。

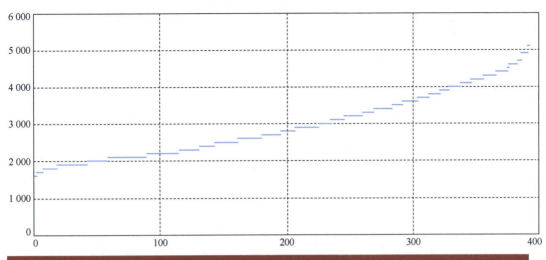

图 2.11　分箱后的数据

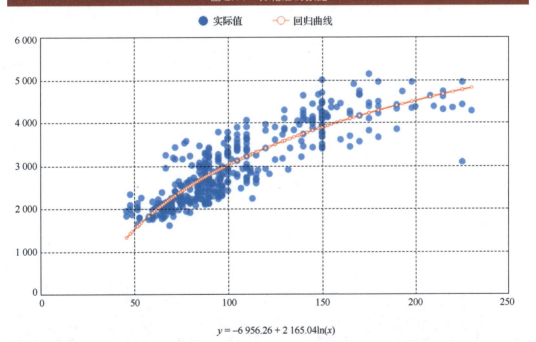

$$y = -6\ 956.26 + 2\ 165.04\ln(x)$$

图 2.12　回归分析结果

第 3 章
基础统计分析

本章将简要讲解统计学的基本概念和分析方法。作为数据分析的第一步，基础的统计分析有助于研究者对数据有一个初步的认知和整体把握，是进行更复杂的数据分析处理的基石。接下来，我们从对数据进行实际处理的角度出发，首先介绍统计学的基本概念和重要的统计指标，再通过可以呈现数据结构的基本可视化图表，全面地展现数据可视化分析的基础环节。

3.1 统计学的基本概念

统计学是概率论的基础，两者又相互依存。概率论是定量地描述某个事件发生的可信度。比如我们多次随意抛出一枚硬币在桌子上，待硬币静止不动之后，我们会发现基本上只有两种情况发生，即硬币的正面朝上或者是背面朝上。假如我们连续进行 1 000 次这样的实验（相信很少有人有耐心这样做），我们会发现，在这 1 000 次的实验里，出现正面的次数和出现反面的次数差距不大，并且几乎不可能出现硬币能自己立在桌面上的第三种情况。因此，我们可以归纳出如下结论：抛硬币可能出现两种结果，每种结果发生的可能性是相等的。如果用定量的方式去描述，显而易见，用我们已经熟悉的分数形式，将所有可能性作为分母，每种情况发生的可能性作为分子，从而可以得出我们日常使用的结论，即"硬币出现正面或反面的概率是 1/2"。

得出上述"硬币出现正面或反面的概率是 1/2"的结论所使用的方法，其实正是统计学的方法。统计学是一门基于实验的科学。"没有调查就没有发言权"，这句话用在统计学里再合适不过了。利用统计学所得出的种种结论，都离不开对所研究对象开展的观测和记录，并且所获得数据的数量或规模要有一定的保证。"调查"的重要性直接影响最终结论的真实性和可信度。值得注意的是，所调查的对象本身可以是实验模拟出来的，也可以是实际生产生活中真实发生的事件。比如上面我们研究的"抛硬币"问题，就可以按照反复测试的实验方式，获取实验观测的数据。

如今，统计学作为一门独立的学科，在国内外众多高校都开设了。大数据时代背景下，人们对统计学的关注度较前些年又得到进一步的提升，凸显了统计学重要的社会价值。

对于要研究的某个具体问题来说，一个收集数据的最小对象被称为个体，而问题涉及的全部个体的集合被称为总体。假设要研究的问题是便利店货物销售的规律性，那么该便利店在某天货物的销量就可作为个体，将过去某一个时间段的销售记录作为总体。进行研究时，从总体中抽取的可测量个体的集合被称为样本。另外，还需要对样本进行标记。具体而言，假设使用整个一年的销售记录作为样本进行研究，不仅要记录下每天的薯片销量、汽水销量，同时还要标记当天的信息，比如是周几，以及这一天是否是节假日。这些标记能反映出个体特征的研究指标，被称为变量。数据表格中一般以个体为一行，以一个变量为一列，如图3.1所示。

图3.1 变量与个体的关系

表格中的内容就是具体的数值，根据数据类型的不同可以把变量分为不同类型。连续变量的取值是在实数域上的，例如，销售量和销售额这样用数值描述的数据，或者是在一个区间内的任意取值。分类变量，比如星期几和是否是节假日（只有"是"和"否"这两个值），是无法用数值描述的，包括性别、国籍这样无序的变量，也可能是优、良、中、差这样有序的变量。

3.2 连续变量的统计描述

通过抽样调查收集到数据之后，为了便于理解，对数据进行汇总的过程叫做统计描述。

3.2.1 频数

所谓频数，是指对数据进行分组后，每个分组中出现的数据次数。此外，还可以利用频数与数据总个数的比，也就是用频率来替换频数。频率的好处是可以平衡不同数据之间数量级的不同。下面我们以图3.2所示的2019年各省份国内生产总值（GDP）数据为例。

地区	2019年
北京市	35 371.28
天津市	14 104.28
河北省	35 104.52
山西省	17 026.68
内蒙古自治区	17 212.53
辽宁省	24 909.45
吉林省	11 726.82
黑龙江省	13 612.68
上海市	38 155.32
江苏省	99 631.52
浙江省	62 351.74
安徽省	37 113.98
福建省	42 395.00
江西省	24 757.50
山东省	71 067.53
河南省	54 259.20
湖北省	45 828.31
湖南省	39 752.12
广东省	107 671.07
广西壮族自治区	21 237.14
海南省	5 308.93
重庆市	23 605.77
四川省	46 615.82
贵州省	16 769.34
云南省	23 223.75
西藏自治区	1 697.82
陕西省	25 793.17
甘肃省	8 718.30
青海省	2 965.95
宁夏回族自治区	3 748.48
新疆维吾尔自治区	13 597.11

图 3.2　2019 年各省份 GDP[①]

以 10 000 亿元为间隔，可以将这 31 个数据分到 11 组中，进而得到一张频数表。这里的 10 000 亿元被称为组宽，11 被称作组数，如表 3.1 所示。

表 3.1　各省 GDP 频数表

GDP/亿元	频数	频率
0～10 000	5	0.16
10 000～20 000	7	0.23
20 000～30 000	6	0.19
30 000～40 000	5	0.16
40 000～50 000	3	0.10
50 000～60 000	1	0.03
60 000～70 000	1	0.03
70 000～80 000	1	0.03
80 000～90 000	0	0
90 000～100 000	1	0.03
100 000～110 000	1	0.03

也可以将频数表画成图，也就是直方图，如图 3.3 所示。

频数观察是一种简单直观但是粗糙的观察方法，观察的效果一般受到组数和组宽的影响，所以可以多次选择组数和组宽进行观察。从直方图中可以观察出数据的集中趋势、离散趋势和整体的分布形态，不过想要更精确地描述数据，需要进一步使用描述指标。

---

① 数据来自国家数据网 https://data.stats.gov.cn/.

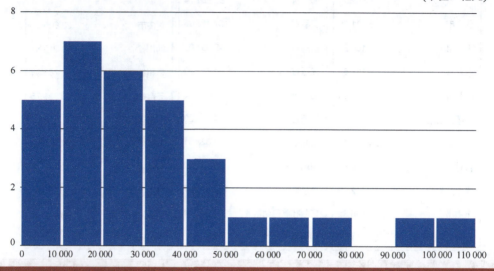

图 3.3　各省 GDP 直方图

3.2.2　集中趋势描述指标

从 3.2.1 小节的图 3.3 可以看出，GDP 在[10 000，20 000]这个区间的省份是最多的，频数进而向两边很自然地滑落，绝大多数省份的 GDP 都位于[0, 50 000]的区间内。也就是说，数据存在一个集中在 20 000 亿元的趋势。类似这种趋势普遍存在于多种数据之中，我们可以通过使用一些常用的指标来对这类趋势进行描述。

最常用的描述指标是均值，也称为算术平均数。均值的计算非常简单，将一组数据进行求和，再除以这组数据的个数即可。均值的本质是将全部个体的差异抽离出来相互抵消，得到一个数据集中的位置。根据均值的计算方法，可以很快算出图 3.2 中 2019 年各省的平均 GDP 为 31 784.94 亿元。均值能反映数组中每一个数据的变化，因此保有了一定程度的信息量。

同时，需要注意到，均值和图 3.3 中频数最高的区间相近，但是仍有一定差距。这一差距产生的原因，是因为个别极端的数值影响了整体数组的均值，比如远高于均值的 107 671.07 亿元(广东省)以及数值较低的 1697.82 亿元(西藏自治区)。由此可见，受到极端值的影响，均值一定程度上掩盖了内部的差异。

为了减少极端值对均值的影响，可以计算截尾均值，即先去掉最大值和最小值各 5%的数据，再使用中间 90%的数据计算均值。按照此方法，能够由上述数据算出 2019 年各省 GDP 的截尾均值为 30 205.66 亿元。另一种思路是选取出现最多的值，或者用一定精度的参考值作为全部值的代表，即众数。按照这个方法计算，可以得出 2019 年各省 GDP 的众数为 20 000 亿元。但显然，众数具有很大的偶然性，尤其是组宽比较小的时候。

除此之外，能够描述集中趋势的是中位数。中位数是所在数组中数值大小位于中间的那个数据值。中位数本质上是位置平均数，基本不受极端值影响。然而，中位数损失了大部分数据的数值变化信息，一旦数据量较少就很不稳定。上述数据中，2019 年各省 GDP 的中位数是江西省的 24 757.50 亿元。

3.2.3 离散趋势描述指标

从图 3.3 的直方图还可以看出，不同省份之间的数值差距非常大。如果只关注上述集中趋势指标，这种差距就会被忽略。为了能够对数据有更全面的描述，还需要关注离散趋势的描述。

最简单直观的离散趋势指标叫全距，或者叫极差，指的是一组数据中最大值和最小值之差。例如在上述数据中，2019 年各省 GDP 的极差是 107 671.07 亿元（广东省）和 1697.82 亿元（西藏自治区）的差值 105 973.25 亿元。更为常用的是方差：

$$\sigma^2 = \sum \frac{(x-\mu)^2}{n}$$

其中，x 是这组数据中的每一个取值，而 μ 表示的是整个数组的均值。方差和数据本身的单位不一致，可以开方得到标准差：

$$\sigma = \sqrt{\sum \frac{(x-\mu)^2}{n}}$$

同样的，可以计算出上述数据中，2019 年各省 GDP 的标准差为 837.07 亿元。此外，如果想要跨量纲地进行比较，比如研究不同省份之间人口和 GDP 的差异，这些指标可以使用变异系数：

$$CV = \frac{\sigma}{\mu}$$

方差、标准差和变异系数是比较常用的离散趋势描述指标，同均值一样，它们一般在对称分布中使用。

一个更广泛适用的指标是百分位数。它是一种位置指标，用 Px 表示。一个百分位数 Px 将数据分为两个部分，使得 $x\%$ 的数据比它小，$(100-x)\%$ 的数据比它大。百分位数需要多个组合使用，最常用的组合是四分位数，即 $P25$（下四分位数）、$P50$（中位数）和 $P75$（上四分位数）。四分位数将数据四等分，排除了两端的极端值影响。在上述数据中，2019 年各省 GDP 的四分位数是黑龙江省的 13 612.68 亿元，江西省的 24 757.50 亿元和湖南省的 39 752.12 亿元。

3.3 分类变量的统计描述

对于分类变量来说，频数是该变量每一取值出现的次数。以一组汽车的参数数据为例，变量"汽缸数"的取值有"四缸""六缸"和"八缸"三种。可以做频数表如表 3.2 所示（由于各自保留两位有效数字，频率之和并不为 1）。

表 3.2 汽缸数参数频数表

汽缸数	频数	频率
四缸	199	0.52
六缸	83	0.22
八缸	103	0.27

将分类变量的频数表画成图,得到的是条形图,或者叫作柱状图(见图 3.4)。柱状图的柱子之间是相互分隔的,因为柱状图的不同柱子源于变量自身的分类,而非对数轴的切割分组。

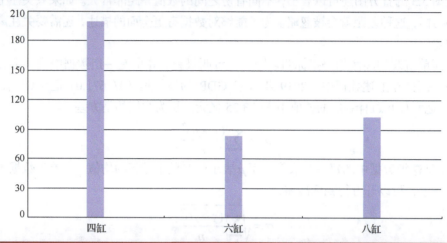

图 3.4 汽缸数参数柱状图

当然,要想强调各个分类在总体中的占比,可以使用饼图(见图 3.5)。

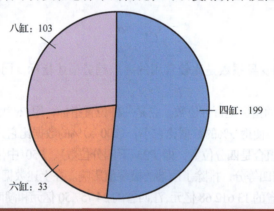

图 3.5 汽缸数参数饼图

分类变量的描述指标通常是根据既有指标,通过比值来定义新的指标——既可以是同一变量的两个分组,也可以是交叉不同的变量。要根据变量的具体含义,对实际情况有指导意义。比如在研究离婚率的问题中,离婚作为一个具有较长时间跨度的事件,在进行数据统计的时候,需要考虑对抽样的人群进行长期的追踪观察,记录每一年中有多少个体发生了离婚,总时间跨度可以是几十年。

3.4 常用统计图

从前两节的内容我们可以看出,在对变量进行统计描述时,图往往有比文字和数字更强的表达效果。因此,本节将对一些常用的图进行讲解。

第 3 章 基础统计分析

3.4.1 饼图

饼图是将圆划分为几个扇形的圆形图(见图 3.6),每个扇形表示一个分类,扇形圆心角与分类数量成正比。饼图本质上是在表现构成比,即各部分占总体的比例。饼图的表现效果直观,易于接受和理解,但是不宜有太多分类,以免杂乱。

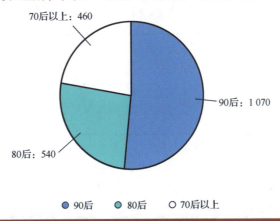

图 3.6 饼图

饼图的缺点是只有构成比,所以不同饼图之间的比较不太有意义。另外圆形设计对空间的利用率比较低,可以空出中心区域来填入其他信息,即甜甜圈图(见图 3.7)。

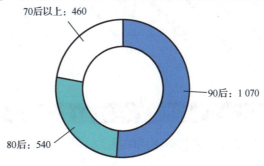

图 3.7 甜甜圈图

水球图也是饼图的变体,它用更多的空间和突出的视觉效果来强调最关键的信息(见图 3.8)。

图 3.8 水球图

3.4.2 柱状图

柱状图是使用矩形长条对比分类变量的统计图（见图3.9），每个矩形表示一个分类，矩形长度与分类频数成正比。通过修改纵轴的起点可以突出条形之间的差异，但是容易产生对数据差异的夸大化。

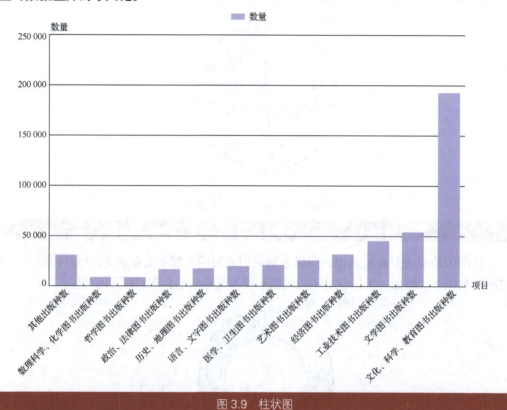

图 3.9　柱状图

柱状图也可以画在极坐标上来获得不同的视觉效果，即玉珏图（见图3.10）。

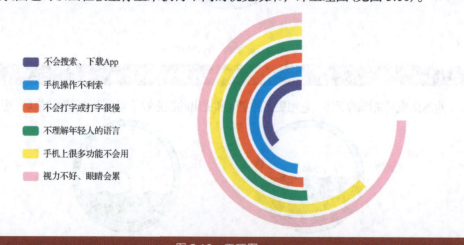

图 3.10　玉珏图

如果将两个变量交叉分组，其中一个变量是二元的，那就可以绘制左右对称的旋风图（见图 3.11）。

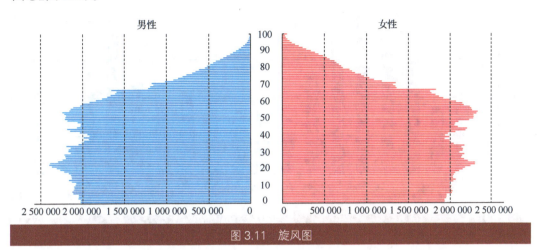

图 3.11　旋风图

更普遍的两个变量交叉分组可以绘制为堆叠柱状图，也就是在分组的基础上再分组，如图 3.12 所示。

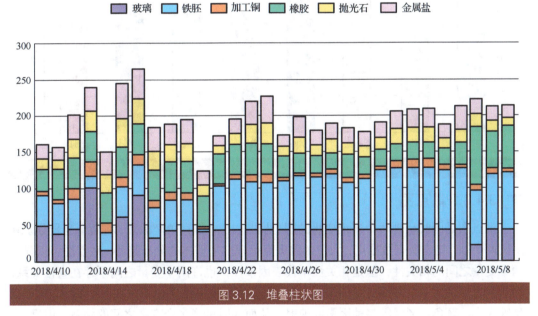

图 3.12　堆叠柱状图

柱状图的变体也可以用于分组的连续变量，区间柱状图是把各组的最值绘制为矩形的上下边缘，用整个矩形表示该组的分布区间，如图 3.13 所示。

误差柱状图则使用矩形长度来表示分组中数据的均值，还可以增加误差线来表示标准误差，如图 3.14 所示。

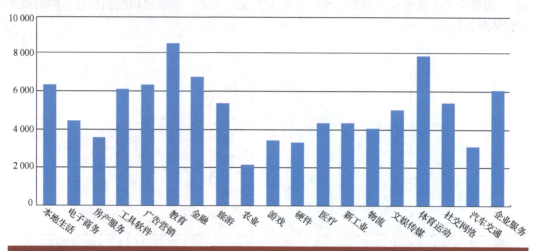

图 3.13　区间柱状图

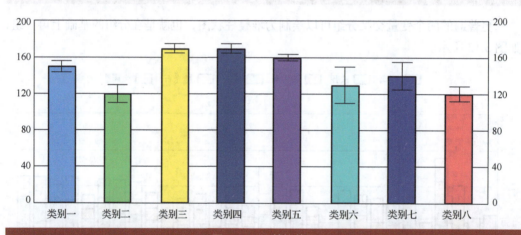

图 3.14　误差柱状图

3.4.3　散点图

散点图是同时呈现两个连续变量的图(见图 3.15),作直角坐标系,将两个变量分别映射到两个轴,描出所有数据点,大量的数据点呈现出了整体的分布趋势。散点图可以显示两个变量之间的相关性,但是相关性不代表因果性,也许两个变量之间不存在直接关系,而是同时受到另一个外部变量的影响。散点图可以画在三维坐标系中,还可以增加数据以反映大小、颜色、形状等多种因素的映射,从而同时呈现多个变量之间的关系。但显然,可视因素增多时会影响观察的效果。

可以对数据进行回归分析,也就是通过数学建模做一条光滑的曲线来模拟变量之间的因果关系,利用散点图可以观察回归分析的效果,如图 3.16 所示。

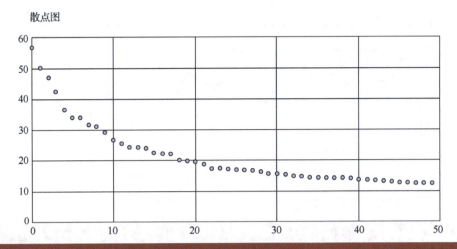

图 3.15　散点图

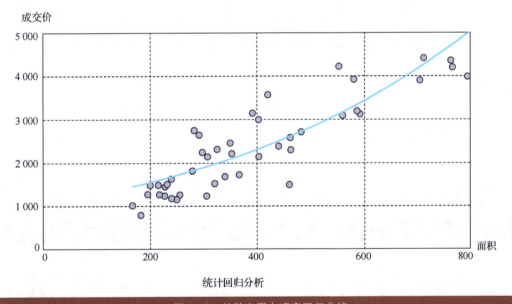

图 3.16　从散点图上观察回归曲线

3.4.4　折线图

折线图是作直角坐标系,用横轴表示有序分类变量(如时间序列变量),纵轴表示连续变量,将数据点描出,并使用线段连接相邻数据点以后得到的图表(见图 3.17)。折线图可以显示连续变量随有序变量而变化的趋势。

阶梯折线图将折线变为直角阶梯状,用以呈现频率低而效果显著的变化,如税率的变化等,如图 3.18 所示。

当连续变量有积分的意义时,可以使用面积图来凸显累积的效果,如降雨量等,如图 3.19 所示。

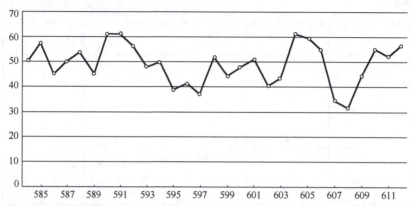

图 3.17　折线图

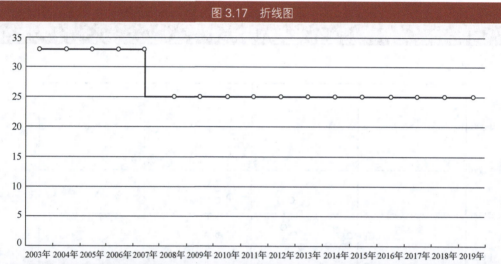

图 3.18　阶梯折线图

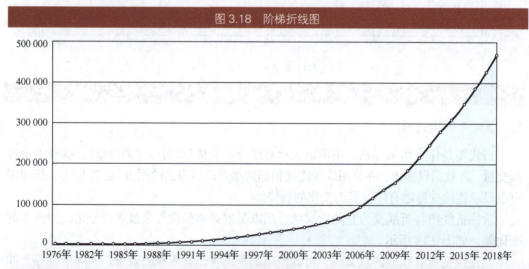

图 3.19　面积图

3.5 统计分析应用示例

本节我们通过一个人口统计的简单应用来熟悉本章所讨论的一些统计知识。

我国于 2020 年度进行了第七次人口普查。作为最精准的中国统计数据之一，人口普查可以为国家经济建设和制定经济社会发展规划、推动经济高质量发展提供准确的统计信息支持。

人口普查不同于一般的统计抽样调查，调查的对象是全部的样本，即中国大陆地区生活的常住人口。在人口普查之间的年份，国家统计局会根据统计方法，结合最近一次的人口普查结果和抽样调查的数据，给出相关的人口估算数据。那么，就让我们利用前面介绍的相关统计知识，通过国家统计局的官方数据[①]来看一看第七次人口普查前，我们能够获知的人口统计概况。这样，当第七次人口普查数据公布后，我们可以就两者的数据差异进行一个初步的比较。

3.5.1 人口变化总趋势

研究统计数据，首先就要明确统计对象，以及需要关注的维度，也就是统计对象的变量。对于人口而言，最基本的指标就是每个年度的人口数是多少。

我们可以从表 3.3 中直接看出中国人口近年来的增长变化，但具体的增长趋势和其他的人口结构却并不能从表格数据中看出。如果想了解更多的人口相关信息，我们就需要增加对人口数据的描述。有了丰富的人口数据，就便于我们进行多角度的图表构建，进行对人口的综合考量。

表 3.3 中国人口总数 2010—2019 年

年末总人口（万人）	年度
140 005	2019
139 538	2018
139 008	2017
138 271	2016
137 462	2015
136 782	2014
136 072	2013
135 404	2012
134 735	2011
134 091	2010

首先，我们将表中的数据绘制成总人口的折线图（见图 3.20）。可以看到，过去 10 年，中国人口呈现稳定增长的趋势，增长速度变化不大。在 2017 年左右，人口增速有明显的变缓趋势。当然，由于 2017—2019 年并非人口普查年，因此人口数据是根据模型估算出来的，我们不能确定这种人口增速的变化是不是由模型的改变导致的。

---

① 数据来自国家数据网 https://data.stats.gov.cn/.

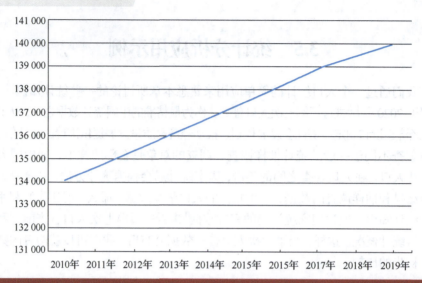

图 3.20　中国 2010—2019 年总人口折线图

● 3.5.2　人口结构变化

为了进一步了解人口结构的变化，我们用饼图查看城镇和乡村人口在起始年份和终端年份的变化，如图 3.21、图 3.22 所示。

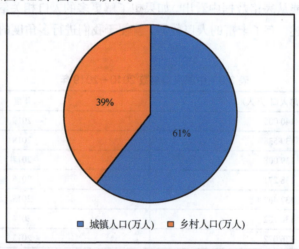

图 3.21　中国 2019 年城镇、乡村人口比例结构

不难看出，从 2010—2019 年，中国的城镇化总体上增长了 11%。显然，中国的城镇化进程还有很大的进步空间。

图 3.23 的条形图给出了 2011 年和 2019 年的人口结构对比。和 2011 年相比，2019 年里 60 岁以上人口占总人口的比例增多，而中年人的人口比例缩小，新生儿的比例持平。也就是说，中国的人口老龄化问题日渐凸显，而出生率并没有在过去几年得到显著提高，这导致了人口增长速度的变缓。同时，由于适龄劳动力人口的比例(15～64 岁)下降，直接影响了从农村转移到城市的劳动力人口数量。

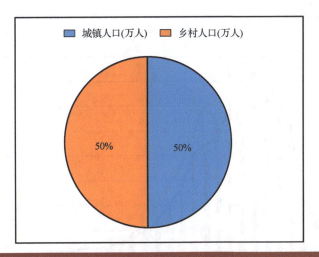

图 3.22　中国 2010 年城镇、乡村人口比例结构

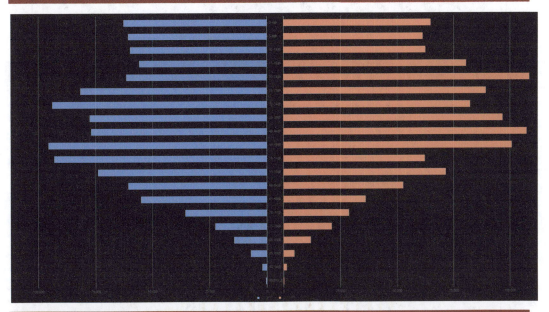

图 3.23　中国 2011 年、2019 年人口按年龄分比例结构

3.5.3　二胎与生育率

从人口数据也能够看出社会对二胎问题的反应。如图 3.24、图 3.25 所示，我们选取了孕龄妇女从 2011—2015 年的一胎、二胎生育率的变化。

总体而言，一胎生育率最高的妇女年龄段为 20~29 岁，并在 30 岁之后显著下降。从时间上来看，2015 年的一胎生育率较 2011 年降低很多。

从二胎的图结构来看，二胎分布的范围较一胎更均匀，集中在 20~35 岁的适孕妇女中，并且近年有所提高。然而整体上二胎的生育率要远低于一胎的生育率。虽然数据有限只记录到 2015 年，但是从人口分布结构图来看，生育率整体上在 2019 年并没有大幅度的提高。

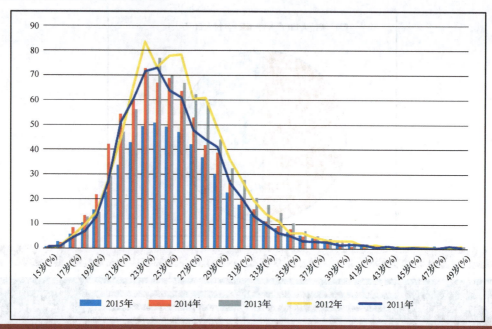

图 3.24　中国 2011—2015 年育龄妇女一胎生育率变化

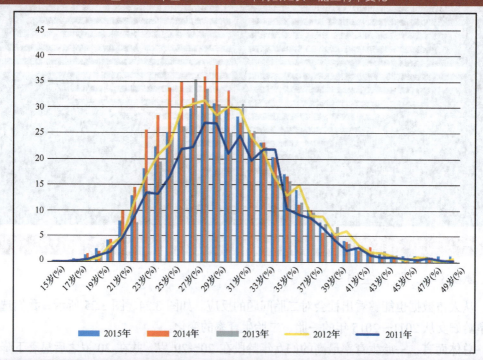

图 3.25　中国 2011—2015 年育龄妇女二胎生育率变化

综上，我们以中国人口数据为背景，用一些统计学的基本知识，讨论了和人口相关的几个社会问题。我们鼓励读者尝试应用统计学知识和统计图表，对其他问题进行分析和探索。

第 4 章

多维数据分析

多维数据是指具有多个维度的数据，数学中通常用向量表示。它是一种很常见的数据类型，也是后面其他数据类型的基础。学会分析多维数据，就是打开了大数据分析的大门。本章将介绍多维数据集，讲解多变量分析的常见方法，包括相关性分析、降维分析、聚类分析等。

4.1 多维数据概述

如果我们对某个社区进行社会学调查，收集社区中每个成员的年龄、性别、身高、体重、年收入等数据，就可以得到一个描述该社区成员情况的数据集。这个数据集内的对象（每个被调查的成员）都具有相同的多个变量，因此可以称之为多维数据。

数学中，一个 m 行 n 列的多维数据矩阵通常表示为 X：

$$X = \begin{bmatrix} x_{11} & x_{12} & \cdots & x_{1n} \\ x_{21} & x_{21} & \cdots & x_{2n} \\ \vdots & \vdots & \ddots & x_{3n} \\ x_{m1} & x_{m2} & \cdots & x_{mn} \end{bmatrix}$$

其中，x_{ij} 为一个元素。每一行 $X_i = [x_{i1}, x_{i2}, \cdots, x_{in}]$ 为一个多维数据。

多维数据的传统分析方法是从这些变量中选择那些可能存在关联的变量，两两一组进行研究。比如，使用散点图，把每个调查对象的身高和体重数据映射到二维直角坐标系上去，就可以观察这个数据集所呈现的调查对象的身高和体重之间的关系。再如，可以为散点赋予大小、颜色、形状等因素，从而同时观察更多个变量之间的关系（见图 4.1）。但当可视因素增加后，图像会变得不直观，难以观察出有效信息。

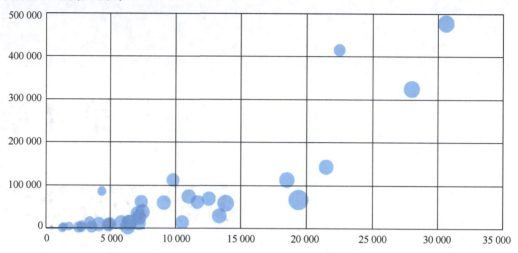

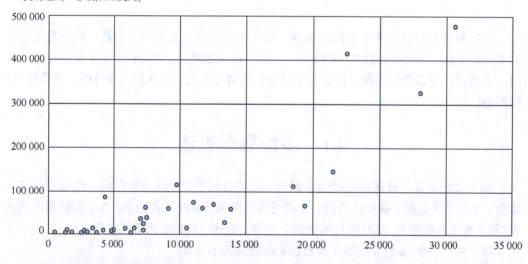

图 4.1 有无大小映射的二维散点图之间的区别

通常情况下，多变量分析有两个思路：一是同时进行多组二维分析，将分析结果以合理的可视结构排布到一起；二是对高维数据进行降维，再从低维的角度得出有效的结论。

4.2 多维数据过滤分析

对多维数据的分析，最简单的是可以根据要求，过滤出符合要求的数据。这种过滤在数据查询、检索中具有重要的作用。简单的过滤，可以通过数据库的操作完成，在此不再赘述。然而，当维度较多，检索条件较多的时候，过滤就不容易了。这里，我们介绍一种常见的多维数据过滤方法——平行坐标。

平行坐标，是多维数据最常用的表现方法之一。首先，通过将每个变量表示为一条轴线，再把不同的轴线平行、等距地放置，并按照每个变量的度量，为各个轴线添加刻度。最后，通过折线将数据对应的变量刻度值连接起来，从而形成了平行坐标图。我们将前面使用过的汽车数据描绘成平行坐标图，如图 4.2 所示。

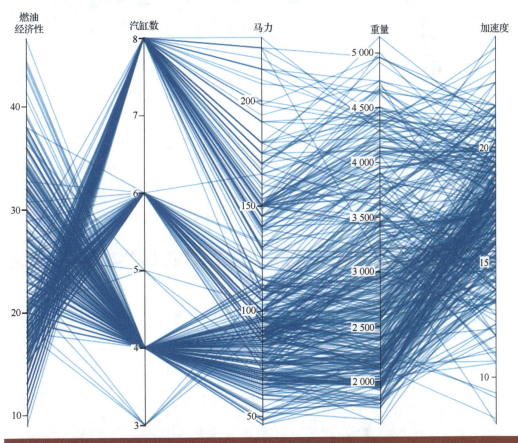

图 4.2　平行坐标图

图 4.2 呈现了燃油经济性、汽缸数、马力、重量和加速度这五个变量之间的联系。可以看出，非相邻的变量之间的关系表现得并不够直观。在数据量过大时，平行坐标图可能会纷乱难看。

平行坐标图的好处之一，是方便我们筛选数据，进而可以方便地观察一簇数据的分布。例如，我们选取气缸数为 8 的数据，如图 4.3 所示，该簇数据的特征即可直观地从平行坐标图中看出。

类似的，图 4.4 和图 4.5 给出了另外两种气缸数下的数据分布。

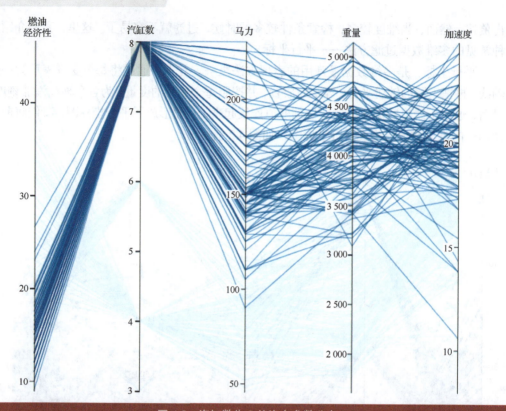

图 4.3 汽缸数为 8 的汽车参数分布

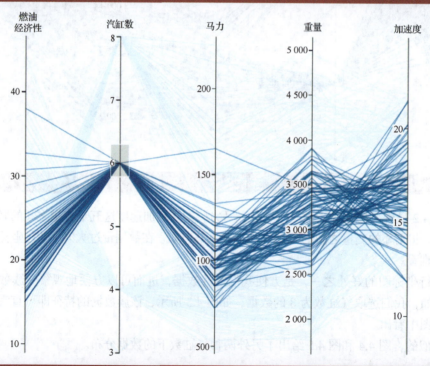

图 4.4 汽缸数为 6 的汽车参数分布

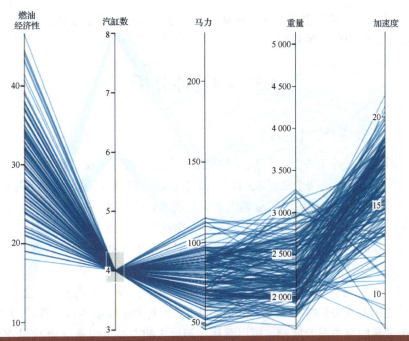

图 4.5　汽缸数为 4 的汽车参数分布

此外，基于气缸数的某个数值，再对另一个变量的数值进行范围上的缩小，以达到多重变量的筛选。如图 4.6 所示，当确定气缸数为 6 之后，可进一步筛选出马力在 100~150 的数据进行观察。这样，就可以利用平行坐标图帮助我们对多维数据进行拆解和有针对性地分析了。

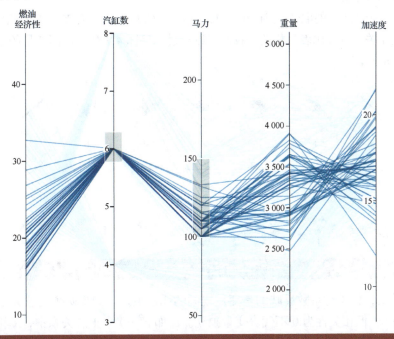

图 4.6　在汽缸数为 6 的汽车中筛选马力

需要注意的是，平行坐标图中的连线展现的是个体在不同变量间的数据分布，而非常见的折线图表示出的某种趋势。

4.3 相关性分析

4.3.1 一般性相关性分析

我们继续以上一小节中的社区成员数据集为例进行讨论。通过研究被调查对象的身高与体重，我们会发现这两个变量之间存在某种关系，使得数据呈现出如下趋势：身高越高的人往往体重也越大，或者说体重越大的人往往身高也越高。我们把变量间的这种趋势称为正相关。类似的，负相关的变量之间会呈现出此消彼长的变化趋势，比如气温越高的地方，人们穿衣服的件数会越少。相关性是根据对数据变量的统计分析计算出的一个指标。有较大相关性的变量之间，往往背后存在一定的联系。

连续变量和分类变量的相关性有不同的度量方式。度量两个连续变量之间的相关性，最常用的是皮尔逊相关系数，即两个变量间的协方差与两个变量各自标准差的商。其中协方差是两个变量的总体误差度量，可以看作一般形式的方差。变量 X 和变量 Y 的皮尔逊相关系数（ρ）公式表示为：

$$\rho_{X,Y} = \frac{\text{cov}(X,Y)}{\sigma_X \sigma_Y} = \frac{\sum[(X-\mu_X)(Y-\mu_Y)]}{\sigma_X \sigma_Y}$$

其中，μ_X 代表变量 X 的平均值，μ_Y 代表变量 Y 的平均值。σ_X 代表变量 X 的标准差，σ_Y 代表变量 Y 的标准差。

根据上述公式，ρ 的取值范围为$[-1, 1]$。其绝对值越大，代表 X 与 Y 的相关性越大，正数代表正相关，负数代表负相关。我们可以通过示例图 4.7 观察不同变量的分布规律与其相关性的形态。

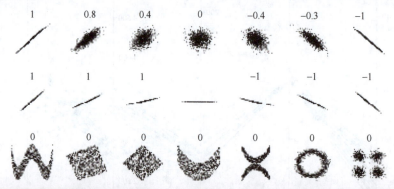

图 4.7 不同变量分布的相关性系数

可以看出，相关性系数反映的是变量之间的线性关系。如果两个变量完全独立，则其相关性为 0，但相关性为 0 不代表变量独立。比如 $X^2 + Y^2 = 1$ 的关系中，X 和 Y 是相互决定的，所以不独立，但皮尔逊系数为 0，因为它们没有线性关系。

另外，两个变量存在相关性，也不意味着它们一定有因果关系，因为变量之间的实际关系一般都很复杂。比如啤酒和尿布销量之间存在一定的正相关，但并非是一方的购买量决定了另一方的购买量，而是由于购买者的属性造成了两者销量的连带上涨。

在进行多变量分析时，我们可以同时计算所有变量两两之间的相关性，并将之制成热力图矩阵，把相关性系数的大小通过颜色和深浅度来表示。

图 4.8 中所用的示例数据中，样本是 392 种汽车型号，个体是每个汽车型号。有燃油经济性、汽缸数、马力、重量、寿命五个变量。绿色为正相关，红色为负相关，颜色越深，相关性越大。通过热力图矩阵的色块分布，利用多变量相关性分析，可以迅速发现重量、马力和汽缸数有较大的正相关（中间 3×3 矩阵的绿色色块），而燃油经济性则与它们负相关（下边的红色色块）。

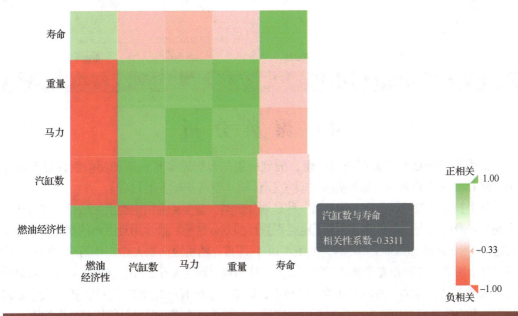

图 4.8　汽车参数之间的相关性

4.3.2　多维数据可视化相关性分析

当需要观察多维数据的变量相关性时，可以使用矩阵散点图，即同时做出所有变量两两之间的散点图并组合成矩阵图形的形式。矩阵散点图可以对多个变量同时进行直观观察，是一种良好的多维数据呈现方式。这种矩阵散点图是二维数据在多维数据中的可视化应用拓展，并结合了多种数据分析的图表工具。

图 4.9 给出了一个矩阵散点图的例子，其中包括了汽车参数数据中的燃油经济性、汽缸数、马力和重量四个变量，每个散点图为其横纵坐标位置对应的两个变量的散点图，而同一变量的横纵坐标交汇处（从左上到右下的对角线上）为该变量的直方图。从图中可以看出，马力和重量基本线性相关，燃油经济性与它们负相关，不过不完全是线性的。

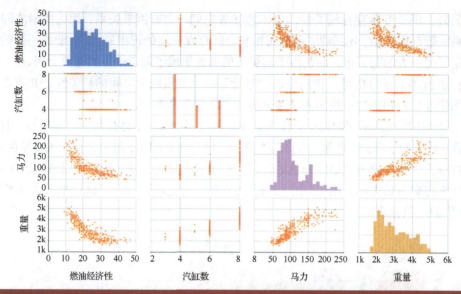

图 4.9　矩阵散点图

4.4　聚 类 分 析

聚类是将未标签的数据进行分组，分到一组的数据通常具备某种相似性，而不同的组之间具备一定的差异。聚类是一个建立新认知、创造新标签的过程。

聚类技术一般可以分为三种。第一种是划分聚类，需要提前给定类别的数目，然后从一个初始态慢慢迭代，直到得出一个既定类别数目的划分结果。最常用且简单的聚类方法是 k 临近（k-Nearest Neighbours, k-NN，见图 4.10），即首先随机地选取 K 个点作为簇的核心，然后把其余所有点按照和 K 个核心的距离大小，分别划分到这 K 个簇中。接着根据分组结果计算出 K 个簇点的重心，并以此作为新的核心，调整其余所有点的分组，以此循环往复。k 临近算法是根据数据点的距离作为相似度的度量，对初始值敏感，并且只能得到球形的簇。

第二种聚类是密度聚类，直接通过密度衡量把数据空间分为很多区域，其中数据密度足够大的就融合起来，密度小的空旷区域则作为分离地带。以此，便可以得到不规则形状的聚类，并且对噪声表现出良好的鲁棒性。

第三种聚类方法称为层次聚类，有自底向上和自顶向下两种顺序。自底向上，就是将每个个体都视作一个簇，然后找出相互之间最接近的簇，将它们合并，反复此过程，直至全部个体合为一个簇。自顶向下则是将全部个体视作一个簇，找出簇中差异最大的部分，将之拆分，直至每个个体都被分作一个簇。

层次聚类是一种规则很简单的聚类方法，并不需要人为预设簇数，而且得到的结果是一棵相似树，有很强的解释性。它的缺点是时间复杂度比较大，并且作为一种贪心算法，分类时出现的错误会逐步积累。

使用国家数据网中重要城市的 GDP、总人口、平均工资、高校学生数等较有代表性指标对其进行自底向上的层次聚类，得到的结果如图 4.11 所示。可以用一条水平线来截取上图，交点即为所得聚类的结果。如将重庆、深圳、北京、上海分为第一梯队，广州、郑州、武汉、成都分为第二梯队，其余城市分为第三梯队。

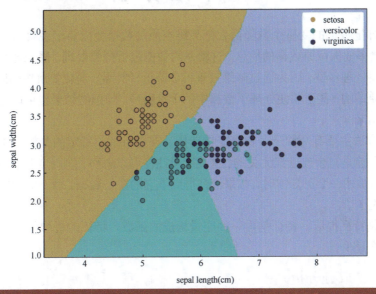

图 4.10 基于鸢尾花数据进行的 k-NN 聚类分析

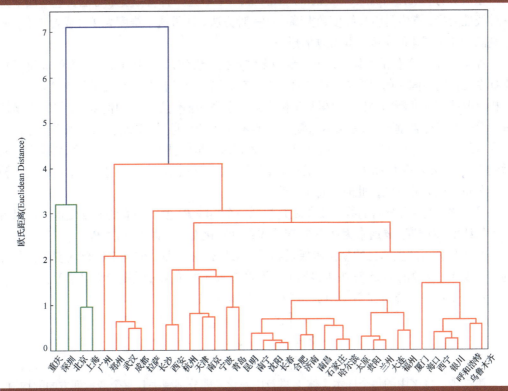

图 4.11 重要城市聚类结果

---

① 数据来自 https://scikit-learn.org/stable/modules/neighbors.html。

4.5 降维分析

降维，即把数据的变量个数降低，把高维空间的数据变成易于观察的二维、三维变量，同时尽量多地保留原数据的信息。这就是对数据进行降维处理。降维通常是机器学习中的一个重要处理步骤，因为通过降维处理可以降低计算量，简化要解决的问题，便于寻找数据的本质结构，甚至顺便处理了数据中的干扰噪声。降维的结果也可以直接用可视化的工具呈现出来。

降维的方法主要有两种。一种是变量选择。在进行某项特定的分析工作时，数据中的一些变量可能是冗余或近似无关的，这类变量往往可以忽略，而重点考察最有代表性的变量。比如在描述一个正方体时，如果已经得到了它的棱长数据，就不需要搜集其体积和表面积的数据了。

另一种是特征提取。特征是由一些变量构成的函数。特征的提取使得损失的信息要比直接抛弃变量少。

4.5.1 主成分分析

主成分分析(Principal components analysis，PCA)是一种特征提取方法，它本质上是一种线性变换，常常是将高纬度数据降维的一种方法。通常这个维度为2维或者3维，便于观测者在可视化的角度观察数据的形态。

如果把 m 个单位的个体，n 个变量的多维数据集看作是 m 个分布在标准的 n 维直角坐标系定位的空间中的数据点，这样每个坐标轴(共有 n 个)都是一个变量的维度。主成分分析是要找到一套新的坐标，使得新坐标中第一个坐标轴保有最大的信息量，第二个坐标轴与第一个坐标轴垂直(以免信息重叠)，并保有最大的信息量，以此类推。判断坐标轴是否保有最大信息量的方法是，将全部数据投影到这条坐标轴上，当投影长度(变换坐标系后的坐标值)方差最大的时候，说明数据最分散，也就是散度最大，这时样本在此坐标轴上的分布是最为分散的，此时信息量最大。

换言之，主成分分析的线性变化就是找到一个矩阵 P，使得原有的 n 维变量 Y 可以由一个低纬度(d 维度，d 通常为 2 或 3)变量 X 线性转化而来，即 $X = Y * P$。

主成分分析的主要目的就是确保投影后的散度最大，即如何确定符合散度最大条件的 d 维度 X。简要的 PCA 算法步骤如下，即将有 m 条数据从 n 维度降为 d 维度：

第一步：将 m 条 n 维数据组成 m 行 n 列的矩阵 X。

$$X = \begin{bmatrix} X_{11} & \cdots & X_{1n} \\ \vdots & \ddots & \vdots \\ X_{m1} & \cdots & X_{mn} \end{bmatrix}$$

第二步：将 X 中的每个样本个体 X_j 进行中心化，即分别减去其每个变量列方向的均值。

$$X_j - \frac{1}{m}\sum_{j=1}^{m} X_j$$

第三步：求协方差矩阵 X^TX。
第四步：对协方差矩阵 X^TX 进行特征值分解。
第五步：取最大的 d 个特征值所对应的特征向量作为投影向量 P 的输出值。当 $d = 2$ 时，多维数据即被投影到二维平面。

主成分分析对数据的预处理是很敏感的，对汽车参数数据进行主成分分析得到的二维结果如图 4.12 所示。汽车参数一共有 7 个维度，分别是燃油经济性、气缸数、马力、重量、加速度、年份和来源。通过 PCA 算法后，可观测到多变量的汽车数据在二维的散点图中形成了 5 类。在每一类中，临近的汽车属性值比较相似，如图 4.12 中的圈 A 中的两点，其所代表的车分别为"Buick Skylark Limited"和"Buick Skylark"。其中车的各属性值如表 4.1 所示。可以看到它们的属性相似，因此主成分分析将它们投影到了相似的位置。而圈 B 中的点代表的车为"Volkswagen Rabbit Custom Diesel"，其属性值如表 4.1 所示。此车与圈 A 中的车各方面性能相差很大，因而其分布得较远。

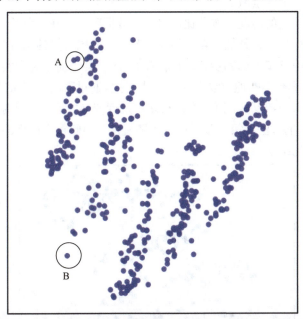

图 4.12　PCA 结果

综上，我们可以看出主成分分析可以直观地看到多维数据中的分布及其内部的关系性质。因而，此方法在多维数据分析中非常常用。

表 4.1　汽车参数 PCA 中圈 A 与圈 B 相似点属性值

车名	燃油经济性	汽缸数	马力	重量	加速度	年份	来源
Buick Skylark Limited	31	4	65	1 773	13.8	71	3
Buick Skylark	35	4	69	1 613	14.8	71	3
Volkswagen Rabbit Custom Diesel	44	4	52	2 130	8.2	82	2

4.5.2 多维尺度变换

多维尺度变换(Multidimensional scaling, MDS)也是一种线性变换。多维尺度变换分为经典的 MDS 和非经典的 MDS。经典的 MDS 和主成分分析一致。我们通常所说的 MDS 是指非经典的 MDS。

不同于 PCA 着重于数据的差异性，MDS 的思路是将所有的数据点从高维空间映射到低维空间。也就是说，原先距离远的点变换后距离仍然远，原先距离近的点变换后距离仍然近。这样便在低维空间可视模拟了高维空间。

MDS 的计算步骤大致如下：

第一步：计算所有数据项两两间的实际距离(可参考皮尔逊算法或欧几里德算法)。

第二步：将数据项随机放置在二维图上。

第三步：针对每两两构成的一对数据项，将它们的实际距离与当前在二维图上的距离进行比较，求出一个误差值。

第四步：根据误差的情况，按照比例将每个数据项的所在位置移近或移远少许量(每一个节点的移动，都是所有其他节点施加在该节点上的推或拉的结合效应)。

第五步：重复第三步、第四步(节点每移动一次，其当前距离与实际距离的差距就会减少一些)。这一过程会不断地重复多次，直到无法再通过移动节点来减少总体误差为止。

同样利用汽车参数数据的例子，在进行多维尺度变换之后，得到的二维结果如图 4.13 所示。注意到 MDS 的算法在第二步时产生了随机性，因此每次产生的图形位置都有所差异，但不影响基本的结论。

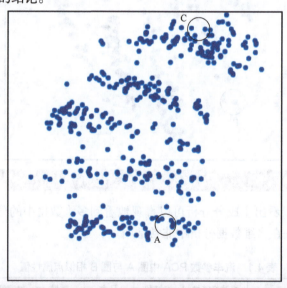

图 4.13 MDS 结果

从结果看，我们发现，汽车数据大致也能被分为五组。其中，圈 C 中的点的车分别是 Chevy C10 和 Chevy C20，其性能如表 4.2 所示。在 MDS 算法中，我们可以看到在 PCA 中被观测到为一组的 A 圈中的点，其性能也如表 4.2 所示，同样的，圈 A 中的车与圈 C 中的车各方面性能差异都很大，因此在图形上距离较远。此方法和主成分分析法异曲同工，各有千秋。

表 4.2　汽车参数 MDS 中圈 A 与圈 C 相似点的性能值

车名	燃油经济性	汽缸数	马力	重量	加速度	年份	来源
Chevy C10	11	8	150	4 997	18.8	73	1
Chevy C20	12	8	167	4 906	20.3	73	1
Buick Skylark Limited	31	4	65	1 773	13.8	71	3
Buick Skylark	35	4	69	1 613	14.8	71	3

⊃ 4.5.3　T 分布随机邻域嵌入

随机邻域嵌入（Stochastic Neighbor Embedding，SNE）是一种非线性的降维算法。SNE 关注的是数据之间的相似性，其独特之处在于，它使用了条件概率来衡量数据点之间的相似性，即给定某个目标数据点，离它越近的点成为它邻居的概率就越高。这个概率模型是正态分布的。降维就是找到一个低维空间，使得数据集在其中分布的条件概率与原先尽可能地接近。

SNE 算法有一个问题，就是高维空间中均匀的点投射至低维空间会拥挤。因为维度越大，"球体"内就有更多的点分布在"球面"附近。为了解决这个问题，T 分布随机邻域嵌入（T-distributed Stochastic Neighbor Embedding，T-SNE）将算法进行了优化。即在高维空间使用正态分布建立概率模型，而在低维空间使用 T 分布建立概率模型。由于 T 分布更注重长尾，可以展开那些拥挤的点，于是可以得到更好的效果。

T-SNE 是通常来说比较好用的降维算法，可以对数据的整体特征有很好地呈现。对汽车参数数据进行 T 分布随机邻域嵌入得到的二维结果如图 4.14 所示，从聚类的角度来说，这个降维结果非常好，可以清楚地分为五个簇。通过平行坐标图 4.15，对五个类别的数据进行再次可视化，我们可以发现，A 到 E 类的车的分类主要与气缸数和来源有关。

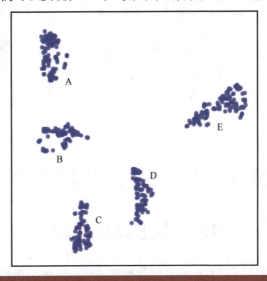

图 4.14　t-SNE 结果

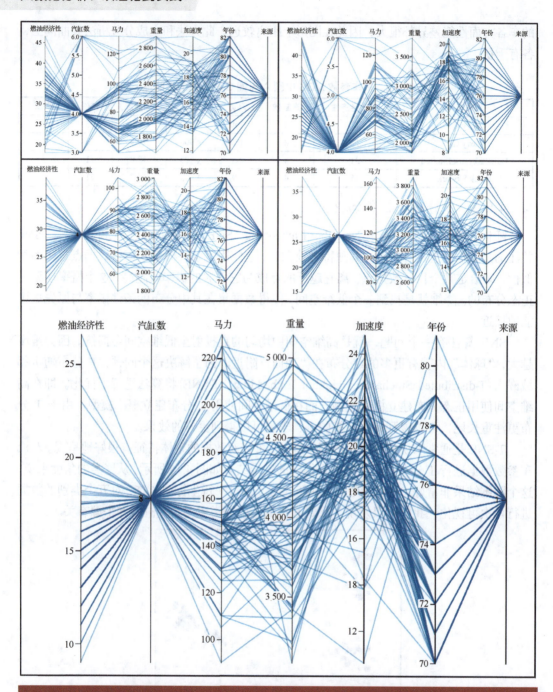

图 4.15 T-SNE 结果 A:E 组

4.6 多维特征提取

对数据进行降维后,可以直观地看到数据的分布,了解类和异常值等。但是,如何

第 4 章 多维数据分析

从多维数据中提取对应的特征,是一个比较难的问题。本章主要讲用不同的方法来提取数据特征。

⊃ 4.6.1 雷达图

我们可以通过雷达图来构建一个产品的用户画像。雷达图是一种对比性数据的可视化展示方式。当数据维度保持在一定的规模,通常为 4~12 时,雷达图是一种较好地展示样本各变量之间数值的相对关系的图。

值得注意的是,由于数据中不同维度的单位和范围是不同的,因此要比较数据在不同维度下的相对重要性就可以使用雷达图这样的可视化工具。我们仍然选取汽车参数数据来构建该数据下的用户画像,并用雷达图作为表示。假设该数据集合是搜集了特定的用户而形成的有针对性的汽车产品的偏好,如某一个社区某一年龄层段的用户,那么通过图 4.16 我们可以对这类用户的汽车购买偏好有一个初步的认识。汽车的各个考察维度分布在雷达的各个顶点处。由图中心连接到顶点的线段表示变量的坐标轴。各维度的相对重要程度由顶点在这个坐标轴的连线长短来表示,长度越大则数值越大。在这个例子中,可见这群调查用户偏好于气缸数多,加速度快,燃油经济节约的新车。

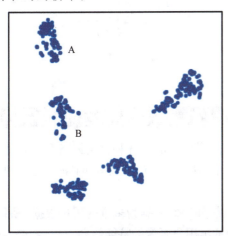
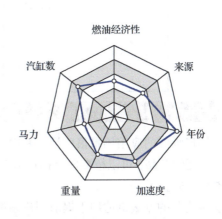

图 4.16 基于 t-SNE 汽车数据的用户画像

承接之前的内容,我们可以选取图 4.17 的 t-SNE 聚类结果看看不同组所对应的用户画像的情况,这里选取 A 组和 E 组的情况。

可以看到,A 组数据所对应的产品特性为小型车,是马力小、加速度尚可的汽车类型。而 E 组数据主要对应的汽车产品为大马力、偏大型的、加速度较大的汽车类型。两组的相似点是汽车的年代构成上比较靠近,但 A 组车的产品要更新一点。

⊃ 4.6.2 用户画像

用户画像又称用户角色,作为一种勾画目标用户、联系用户诉求与设计方向的有效工具,用户画像在各领域得到了广泛的应用。用户画像与用户的社会属性和行为习惯密切相关，是在此基础之上抽象出来的标签化、模型化的用户形象。作为实际用户的虚拟代表，用户画像所形成的用户角色并不是脱离产品和市场之外所构建出来的，形成的用户角色需要有代表性，能代表产品的主要受众和目标群体。

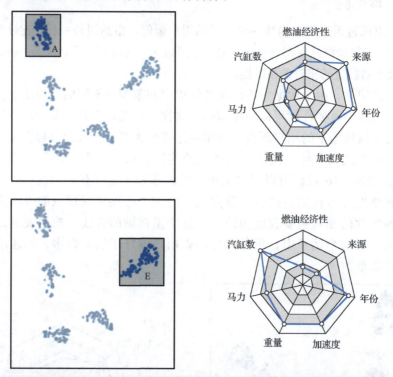

图 4.17　基于 t-SNE 汽车数据的用户画像——A 组、E 组

用户画像的应用场景很广泛，其中主要的场景即产品设计和营销策略上。通过用户画像构建的产品，可以精准地寻找到用户目标群，从而优化销售成本和利润，为实现企业利益而服务。

雷达图的方法也适用于提取用户画像。试想如果此数据为多维的用户数据，那么多维数据投影下的用户分布，通过雷达图即可展示出用户画像的特征信息。

4.6.3　Radviz 特征提取

Radviz 是一种非线性降维的可视化方法，可以将高维数据呈现在二维平面上，以便进行观察，但不适用于作为机器学习的预处理步骤。假设 n 个变量在一个二维圆环上作为节点均匀分布，对于每一个数据点，将之置于圆环内，使用"弹簧"与各个变量节点相连，数据大小决定了"弹簧"的弹力大小(需要先将全部数据标准化)，当数据处于平衡状态时，画出数据的位置作为其分布。

Radviz 的优点在于可以显示的维度很多，而计算难度很低，并且得到的结果易于理解。但是因为算法不是一一映射的，所以数据点之间可能相互重叠和遮挡。使用一组二手房各参数与房价的数据，作 Radviz 图，如图 4.18 所示。从图 4.18 中可以清晰地看出，大部分数据在图的中部偏下处，可以被分为左中右三类，左侧是价格优惠而附近学校较多的，中间是抗震性能好并向阳的，右侧是绿化率高且建筑面积大的。而上部红框内的几个数据点，则同时拥有较高的绿化率、较大的建筑面积、较低的价格和较新的建造年份。

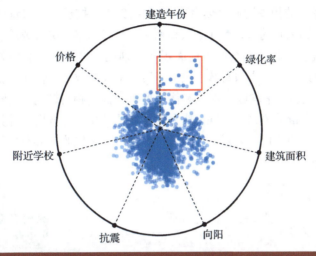

图 4.18　Radviz 结果

对于 Radviz 分析的结果，变量在圆环上的分布顺序影响是很大的。可以通过调整变量的顺序，以获得更好的观察效果。可以参考变量的相关性分析结果，将正相关的变量放在一起，负相关的变量放在对面，不相关的变量垂直放置。

4.7　多维数据分析应用示例

在本节中，我们将结合前面所讲述的内容，以美国 2016 年大选的相关数据[①]为例，对多维数据分析的应用进行介绍。

本例所使用的数据中，样本为美国的 3 112 个郡县，个体为每个郡县。该数据所涵盖的主要变量有 2016 年大选结果中特朗普在各个郡县的得票率，以及各个郡县的特征，包括人口的特征数据、相关经济指标数据和相关资源指标数据等。

接下来，我们首先选取各郡县的人口、经济、资源的相关数据，分析这些变量之间的关系。然后，通过数据的多维度分析方法，讨论郡县特征和得票率之间的关系，试图找出特朗普高票选区的主要特征之间的关系。

● 4.7.1　郡县特征的关联度

我们选择了各个郡县的人口特征数据、相关经济指标数据和相关资源指标数据，具体变量内容如下：

---

① 数据来自 https://www.kaggle.com/prashant111/us-presidential-election-data#.

人口特征：人口总数、人口密度(每英里)、军人人数、女性比例、高中以上人口比率、白人比例；

经济指标：平均年收入、住房拥有率；

资源指标：土地面积。

我们将上述变量的相关性通过热力矩阵图 4.19 进行描述。可以看出，如果一个郡的平均年收入较高，那么它的人口数量、人口密度、教育水平、军人数量、住房拥有率和白人的比例都会较高，但和该郡县的土地面积和性别比例没有太多的相关性。在种族结构上，白人比例较高的地区，人口总数、人口密度、军人总数和女性比例都会相对较低，同时，高等教育人群比例、平均收入水平和住房拥有率都会相对较高。土地面积除了和人口呈正相关，与其他变量的关系都不强。热力图所展示的情况，与我们对美国各郡县的人口分布常识是相符的，即从目前来讲，美国人口聚集特点是以收入和种族为主导的、呈分割化特点分布的形态。

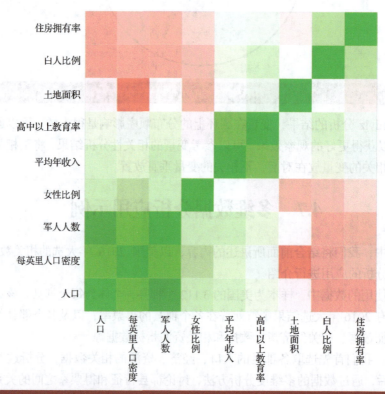

图 4.19　美国 2016 年各郡基本数据

接下来，我们选取人口、性别、白人比例、教育程度、住房拥有率和年收入做矩阵分析，来进一步解构数据各个维度的可能联系。散点图和统计频数图能够较为直观地展示出变量之间相关性的形态。如图 4.20 所示，该结果与我们从热力矩阵相关性图看到的结果类似，即平均年收入对其他几个选取的变量指标的正相关性较高。此外，从种族结构和性别比的关系上讲，白人占比例越高的郡县，相对的女性的比例会偏低(散点趋势有明显的向下线性形态)。

第 4 章 多维数据分析

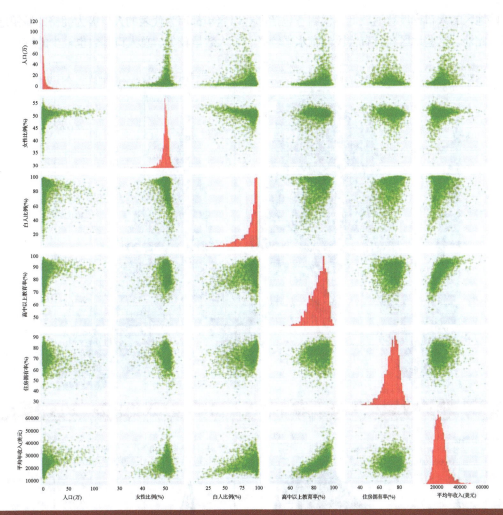

图 4.20　美国 2016 年各郡县基本数据

从上述分析可以看出，美国仍是一个白人比例占绝对优势的国家(大部分郡县中白人比例大于 50%)，民众受教育程度普遍较高(大部分郡县的人中接受高中以上教育的比例大于 50%)。然而平均年收入各郡县差异较大，因为数据右侧尾较长(平均年收入的分频图)，说明贫富差距是存在的。

4.7.2　多维度分析得票率的关键因素

从上一小节的分析结果可知，种族结构(即白人比例)和一些变量正相关，与另一些变量负相关。接下来，我们利用多维数据分析的技巧对数据进行更深地挖掘，进一步考察各郡县的特征与得票率之间的联系。首先，我们利用平行坐标图，选取的特朗普在各郡县的得票率和各郡县相关特征变量的全貌，如图 4.21 所示。

然后，我们选择出高得票率和高白人比例的郡县，如图 4.22 所示进行筛选。

从该图可见，特朗普得票率高且白人比例高的地区，并非全美范围内相对富裕的郡县。

这些地区的人口密度普遍较低，说明不包括那些以繁华都市为代表的人口极为拥挤的城镇地区。此外，这些地区还具有公民教育水平较高、军人数量较少、总人口基数也较少的特点。

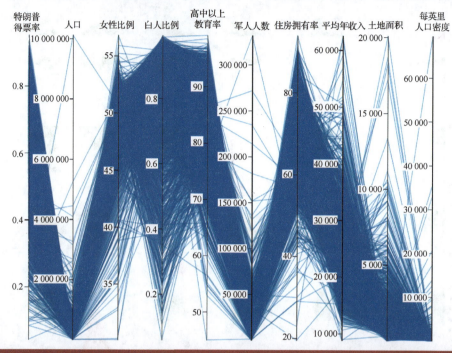

图 4.21　2016 年美国大选特朗普得票率数据

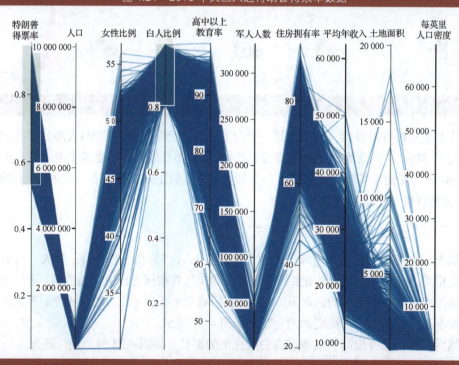

图 4.22　2016 年美国大选特朗普得票率数据筛选

第 5 章
时序数据分析

时序数据通常是遵从同一指标，按照时间顺序采集或记录的数据。时序数据具有丰富的信息，对揭示事物发展的规律有着极强的意义。同时，通过对时序数列的分析，我们也能透过现象，看到一些事物发展中的更深层次问题。本章将介绍时序数据分析的几种方法。

5.1 时序数据概述

股票的交易价格每秒都在发生变化，如果把某只股票在一天内每一秒的交易价格、交易量、涨跌幅度等数据记录下来，或者把某只股票上市以来每一天的开盘价、收盘价、最高价、最低价等数据记录下来，所得到的就是股票价格的一个时序数据。这类时序数据包含了时间变量，并按照一定的先后顺序进行排列。

对时序数据而言，最常见的呈现方式通常是折线图和柱状图。举例说明，根据国家数据网的中国各年度 GDP 数据，可以得到折线图（见图 5.1）和柱状图（见图 5.2）。

折线图将是数据点按照时间轴的顺序连接，形成的一条可以反映指标变化趋势的曲线。由图 5.1 中的折线图可以看出，中国经济总体呈现指数增长的趋势，并且在 1995 年、2004 年、2008 年、2012 年、2016 年等几个时间节点出现了比较明显的转折。

柱状图是通过柱形长度的变化来表现指标的变化趋势。柱状图适用于时间跨度较大的情况，如年度或季度，同时数据需要整齐、规律地排布，不能有空缺。相比折线图，柱状图更容易凸显相邻数据的较大差异，如 2010 年与 2011 年，2016 年与 2017 年等。

当一组时序数据中存在多个变量时，如开盘价（Open）、收盘价（Close）、最高价（High）、最低价（Low）等，有专门的图将它们呈现在同一张图中，并体现出时序数据的特点——即 K 线图（见图 5.3）。

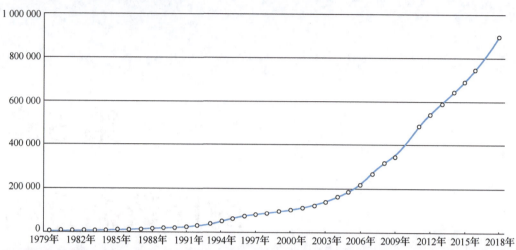

图 5.1　中国 GDP 增长折线图

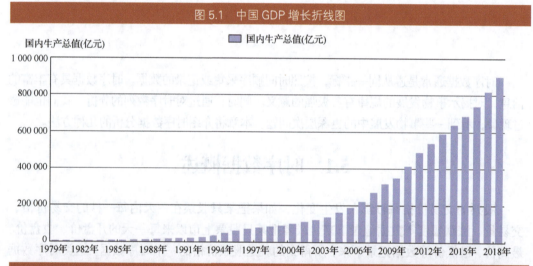

图 5.2　中国 GDP 增长柱状图

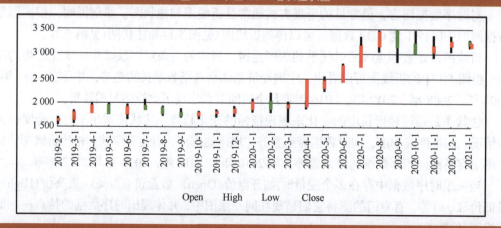

图 5.3　亚马逊股价 K 线图

5.2 多维时序数据呈现——折线

一般而言,如果需要同时呈现多个变量,最简单的方法是将多条折线放在同一个图上,如图 5.4 所示。

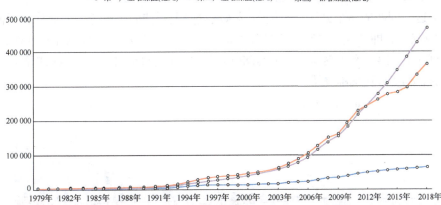

图 5.4 分三次产业的 GDP 折线图

从图 5.4 可以看出,第一产业的整体增长趋势近乎是平缓线性的,而第二产业和第三产业长期保持了非常接近的增长趋势,并且始终是第二产业更高一些。直至 2011 年左右,第二产业的增长明显放缓,而第三产业保持了非常良好的指数增长,并在 2012 年超越了第二产业的增长速度。

但当变量太多时,大量的折线有可能相互纠缠在一起而不易观察。对于那些可以叠加在一起的时序数据,可以作堆叠面积图,如图 5.5 所示。

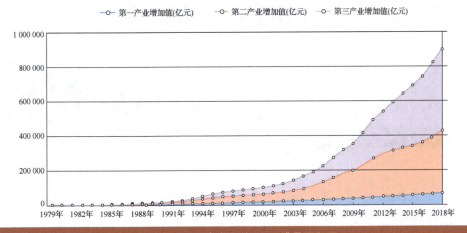

图 5.5 分三次产业的 GDP 堆叠面积图

在图 5.5 中,蓝色部分的阴影区域表示第一产业增加值,红色部分的阴影区域表示第二产业增加值,紫色部分的阴影区域表示第三产业增加值,而全部阴影区域表示整体

GDP。可以看出最上方的紫色曲线与图 5.1 中的 GDP 曲线是一致的。从图 5.5 中同样可以看出第一产业呈线性增长，而第二产业与第三产业增长较为一致。

堆叠面积图有一个缺点，在视觉效果上，各个变量对总体的变化趋势影响是有差异的。这是因为堆叠面积图在形式上和折线图过于接近，在观察的时候，除了面积的变化，折线的变化趋势也可能对人的感觉造成影响。比如在图 5.5 中，总 GDP 的增长趋势容易被误认为是第三产业 GDP 的增长趋势，从而高估第三产业的影响。

解决这个问题的一个办法，是把图形从底端向上延伸的"山峰"变成从中间向两侧铺展的"河流"，即形成"主题河流图"，如图 5.6 所示。从这张主题河流图上可以比较清晰明了地看出，第三产业逐渐占据了 GDP 增长一半以上的比例。同时，GDP 各部分的增长趋势的观感变得更加准确了。

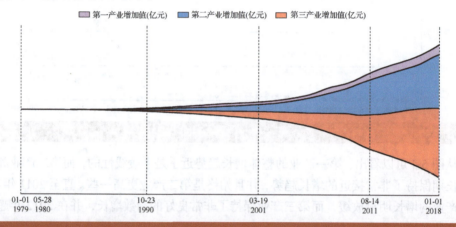

图 5.6　分三次产业的 GDP 主题河流图

通常情况下，当主题河流图容纳较多的变量时，也不会显得杂乱无章(见图 5.7)。

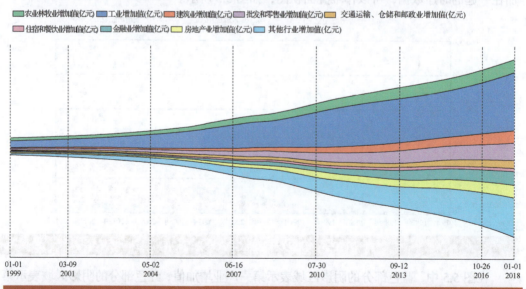

图 5.7　分行业的 GDP 主题河流图

5.3 多维时序数据呈现——柱状

当利用柱状图表现多个变量时，可以使用堆叠柱状图，如图 5.8 所示。这样的呈现效果类似于堆叠面积图。但是由于没有折线，产生的视觉误差就要小很多——从相邻柱状的顶端观察出的高度差会很快被认出是整体差异。

图 5.8　分三次产业的 GDP 堆叠柱状图

此外，也可以作分类柱状图，即将不同分类的柱形在水平方向(时间)上排列开来，如图 5.9 所示。

图 5.9　分三次产业的 GDP 分类柱状图

堆叠柱状图和分类柱状图都是提高空间利用率以传递更多信息的图形模式，但是都会在变量较多的时候显得纷乱而难以观察。

这种情况下，可以通过使用三维图像来扩展变量表现的维度，即多系列三维柱状图，如图 5.10 所示。

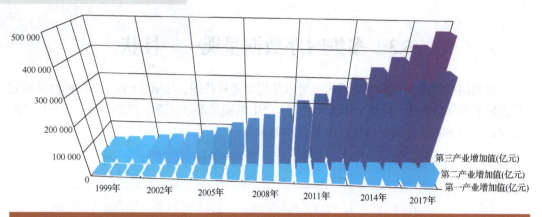

图 5.10 分三次产业的 GDP 三维柱状图

三维的柱状图可以通过拖拽来从不同角度对图像进行观察(见图 5.11)。

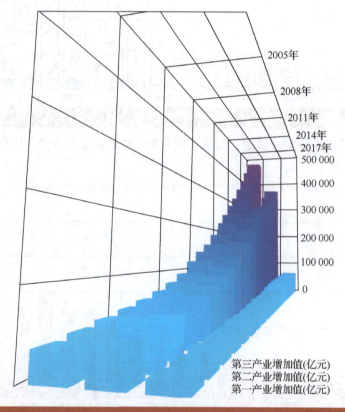

图 5.11 从其他角度观察三维柱状图

由于增加了维度,三维柱状图可以呈现更多的变量(见图 5.12)。

对于柱状图的扩展,除了增加一条空间维度,还可以增加时间维度,即动态柱状图,进而能够看作是多个柱状图按照时间顺序合成播放(见图 5.13)。

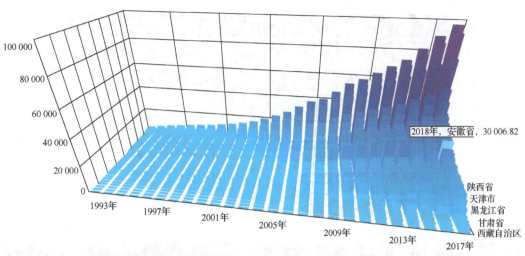

图 5.12　各省的 GDP 三维柱状图

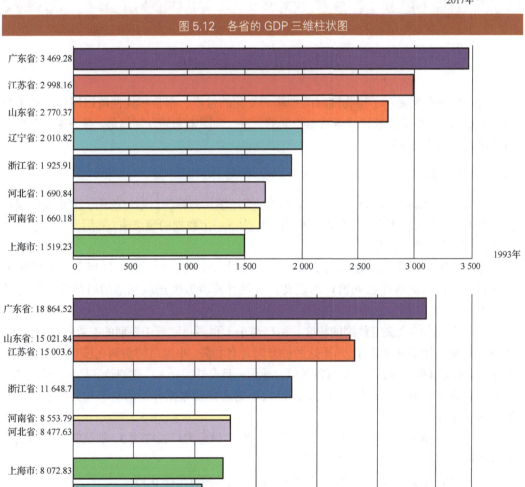

图 5.13　各省 GDP 增长动态柱状图的截图

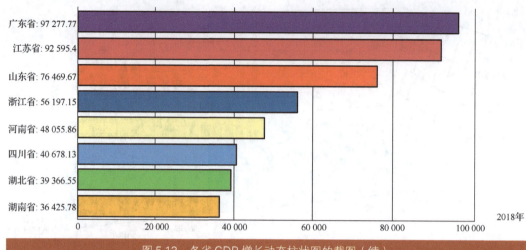

图 5.13　各省 GDP 增长动态柱状图的截图（续）

5.4　预测分析

由于时序数据揭示了事物随时间推移而变化的过程，很自然地便可以用作对相关数据的预测分析，即采用统计或者数据挖掘的方法，预测未来的发展趋势。接下来，我们介绍几种经典的预测算法。

● 5.4.1　移动平均

移动平均（moving average）是一种常用的统计学预测算法，通过使用一个定长的窗口在时序数列中移动，用窗口取到的数据均值作为下一个数据的预测值，然后窗口向右移动一位，得到下一个预测值。

这里的窗口通常指的是时间的维度，如分钟、小时、天、月、季度等。在常用的统计软件里都有对时序数列窗口的定义，可供计算者方便选取相应的时间单位进行预测分析。

窗口的大小将会决定预测的精度。窗口越小，预测越贴近于短期的态势；窗口越大，预测值越能包含长期的走向。然而这两种方向各有利弊。小窗口的预测在没有外因介入的条件下能够更准确地分析下一阶段的数值，然而一旦有外因介入，比如经济都有波动周期，小窗口的分析就很可能失灵。因此，窗口大小的选择要根据分析的对象和分析想要达到的目的而进行选择。

如图 5.14 所示，序列中的前 7 个值为实际值，设定窗口长度为 3，那么第八个值的预测值就是 5、6、7 三个值的算术平均数。

第九个值的预测值是 6、7、8 三个值的算术平均数（见图 5.15）。

简单移动平均能够将曲线的波动进行中和，使曲线变得平滑，与此同时曲线所传递的信息也具有了滞后性。

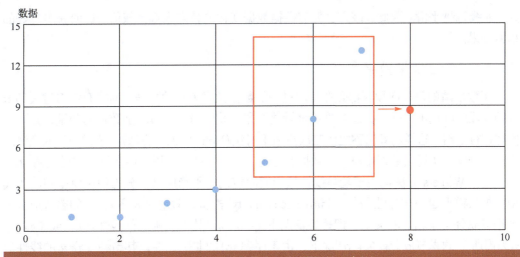

图 5.14 简单移动平均示意(预测第八个值)

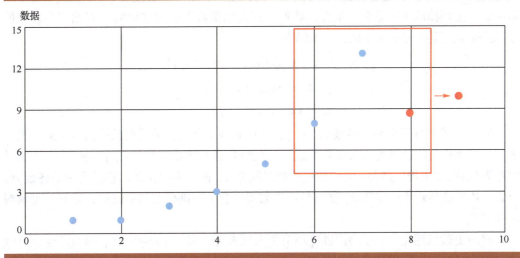

图 5.15 简单移动平均示意(预测第九个值)

5.4.2 指数平滑

为了减少这种滞后性,可以通过为不同的数值赋予不同的权重,再进行预测。常用的一种被称为指数平滑法,该方法假定和预测值越接近的数据包含对预测影响最大的信息,因而要赋予更高的权重。较远期的数据也被考虑在内,只不过占较小的比重。这一比重是以指数的方式递减的,因此被称作指数平滑法。

指数平滑法可以根据如下公式递归得到:

$$S_t = \alpha Y_t + (1-\alpha)S_{t-1}$$

其中,S_t 表示截至 t 时刻的平滑值,也就是对 $t+1$ 时刻的预测值,Y_t 表示 t 时刻的实际值,而 α 则是权值。也就是说,用前 $t-1$ 项数据算出的平滑值作为第 t 项的模拟,然后和第 t 项的实际值加权求和,得到 t 时刻的平滑值,作为下一个值的模拟。α 越大、越接近 1,当前值的影响就越大,模拟值的变化就越灵敏。α 越小、越接近于 0,平滑值的影响就越大，曲线就越平滑。因此，该方法能够根据数据变化的特点来选择权值，进而获得更好的预测结果。

5.4.3 三次指数平滑

指数平滑的每一次预测都是在使用过去的数据预测未来的数据，而没有考虑过去到未来的这段时间内的变化。为了更准确地预测结果，我们可以通过增加数据的分量，并对它们也进行平滑，这样的算法称之为三次指数平滑法（Holt-Winters方法）。这样得到的预测结果是充分发掘了过去数据中对未来数据的位置、增减趋势以及周期性变化，相对更精确。

Holt-Winters方法适用于趋势线性且周期固定的非平稳序列，分为加法模型和乘法模型。加法模型也叫作加性季节（additive seasonality）模型，假定时间序列$\{x_t\}$的趋势成分u_t与季节成分s_t是相加的关系，即理想情况下$x_t = u_t + s_t$，其中u_t随时间线性递增（或递减），s_t为周期T的季节成分。实际情况下，由于序列$\{x_t\}$的非平稳性，其趋势成分u_t的线性递增速度和季节成分s_t都只是短期相对固定，而长期来看是可以缓慢变化的。此外，x_t中还可能含有无规律的噪声成分。因此，我们需要采用指数平滑法（EMA），根据实际观测值x_t不断校准模型中的u_t和s_t成分。我们有

$$u_t = \alpha(x_t - s_{t-T}) + (1-\alpha)(u_{t-1} + v_{t-1})$$
$$v_t = \beta(u_t - u_{t-1}) + (1-\beta)v_{t-1}$$
$$s_t = \gamma(x_t - u_t) + (1-\gamma)s_{t-T}$$

以上三式中有三个平滑参数α、β、γ，都在0到1之间，是模型预报值与实测反推值之间的平衡权重。这里的v_t表示趋势成分u_t的线性递增速度。参数α、β、γ越大，表示时间序列$\{x_t\}$的非平稳性越强，模型的可预报时间越短，故需要更快地调整模型中的各成分。反之，如果能用较小的参数α、β、γ与历史数据吻合上，则模型与数据符合较好，可预报时间较长。

当历史数据用完后，模型由训练环节进入预报环节时，令$\alpha=\beta=\gamma=0$，因为已经没有数据来修正模型，再用理想情况的公式$x_t=u_t+s_t$计算出x_t的预报值。为确定合理参数α、β、γ和可预报时间，可以采用交叉验证法。将历史数据分为两段，前一段用来训练模型，用完后让模型进入预报环节，再将所得的预报值与后一段历史数据进行比较。

乘法模型也叫作乘性季节（multiplicative seasonality）模型，假定趋势成分u_t与季节成分s_t是相乘的关系，即理想情况下$x_t = u_t \cdot s_t$。模型的训练方法与加法模型类似，我们有

$$u_t = \alpha(x_t/s_{t-T}) + (1-\alpha)(u_{t-1} + v_{t-1})$$
$$v_t = \beta(u_t - u_{t-1}) + (1-\beta)v_{t-1}$$
$$s_t = \gamma(x_t/u_t) + (1-\gamma)s_{t-T}$$

预报时令$\alpha=\beta=\gamma=0$，根据$x_t=u_t \cdot s_t$计算预报值。乘法模型是一个非线性模型，可以处理季节波动的振幅随趋势成分变化的情况，故它比加法模型更依赖一个好的初始值。一般截取x_t的第一个周期T以内的数据，消除趋势（detrend）和降噪（denoise）以后作为$\{s_1, s_2, \cdots, s_T\}$的初始波形。加法模型则是一个线性模型，训练和预报阶段都可以写成矩阵形式，便于分

析其数值稳定性。不过两种模型都要求周期成分 s_t 的周期 T 保持固定。

以 Holt-Winters 方法得到的预测结果如图 5.16 所示。预测值是最右侧粉色阴影区域内的三个值，分别为 2019 年 988 358.7 亿元，2020 年 1 085 019.1 亿元和 2021 年 1 191 132.7 亿元。而实际上 2019 年的 GDP 为 988 528.9 亿元。

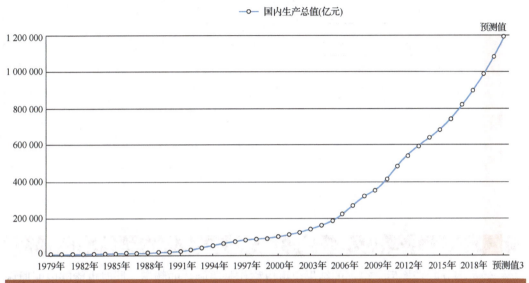

图 5.16 全国 GDP 增长预测分析

5.5 周期性检测

上一节提到，用 Holt-Winters 方法进行预测分析的成功之处在于同时考虑了数据变化的增减趋势与周期性。一般而言，增减趋势能够通过曲线的斜率进行估计，但是周期性却不易观察。如图 5.17 所示，我们给出了亚马逊公司 23 个月的股价的变化曲线(开盘价和收盘价两条)。如果说这些高低起伏的曲线中含有某种周期性的话，那么如何通过算法获取这一周期性信息呢？

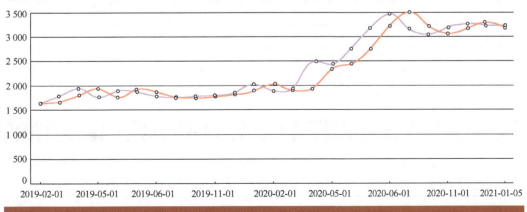

图 5.17 亚马逊公司股价变化折线图

大数据分析：从理论到实践

一种常见的方法是通过傅立叶变换来表示隐含的周期性信息。简单而言，任何一个连续函数都可以使用无穷个正弦、余弦函数之和来表示。通过傅立叶变换，使得原本分布在时间域上的曲线，转换成为频率的函数。图 5.18 给出了一个连续函数的拆分过程，并在最后一张图中给出了函数的频域表示。

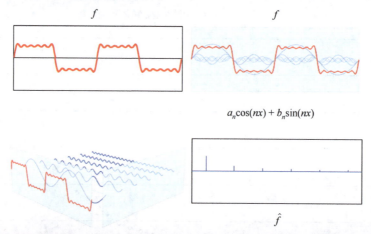

图 5.18　傅立叶变换示意图[①]

经过傅立叶变换后，得到的结果也可以称作是原函数的频谱，同时也能够说明原函数的周期性变化都分布在哪些频率。如此一来，杂乱无章的变化过程就变成了固定规律的频率分布，从而可以快速地抓住时序数据的核心特点。

我们将上述亚马逊公司的股价进行傅立叶变换之后，便可得到图 5.19。这样就把连续分布在时间轴上的数据转化为了振幅分量和频率分量，从而变得易于处理。

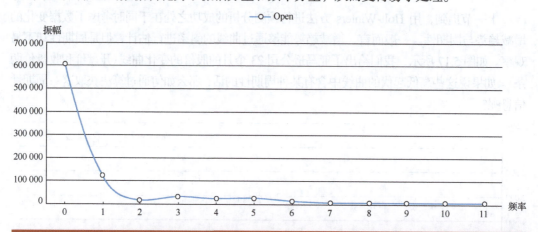

图 5.19　亚马逊公司股价开盘(Open)收盘(Close)曲线频谱(1)

---

① 图片来自 https://upload.wikimedia.org/wikipedia/commons/7/72/Fourier_transform_time_and_frequency_domains_%28small%29.gif。

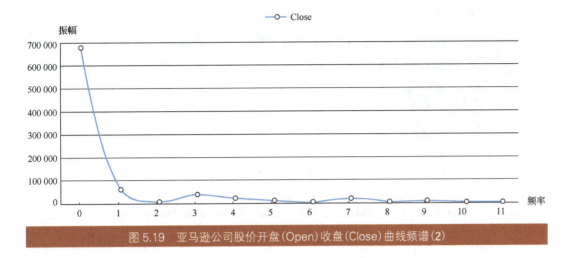

图 5.19 亚马逊公司股价开盘(Open)收盘(Close)曲线频谱(2)

5.6 时序分析应用示例

从 2020 年 1 月，美国本土检测出第一例新冠病毒肺炎确诊病例，到 2020 年年底，美国境内日增病例数量突破 20 万。我们以 2020 年美国的确诊病例的数据为例，通过时序分析，来观察新冠在近一年的时间里在美国肆虐的情况。数据选取自美国疾病控制中心发布的每日病例数[1]，涵盖了美国全境。

5.6.1 美国各州新冠病毒肺炎确诊病例数的动态变化

首先，我们想对美国确诊病例在过去一年里各地区的发展情况做一个基本描述。我们使用动态柱状图，展示出美国确诊病例数目排在靠前位置的部分州名，如图 5.20～图 5.24 所示。

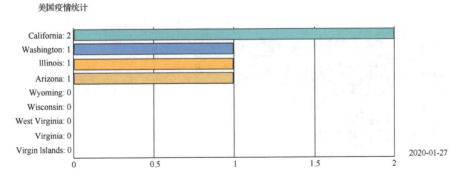

图 5.20 新冠病毒肺炎确诊病例每周数据-1

---

[1] 数据来自 https://zh.wikipedia.org/wiki/2019%E5%86%A0%E7%8A%B6%E7%97%85%E6%AF%92%E7%97%85%E7%96%AB %E6%83%85.

大数据分析：从理论到实践

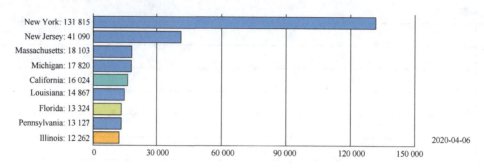

图 5.21　新冠病毒肺炎确诊病例每周数据-2

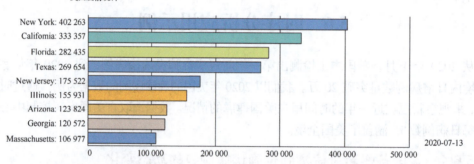

图 5.22　新冠病毒肺炎确诊病例每周数据-3

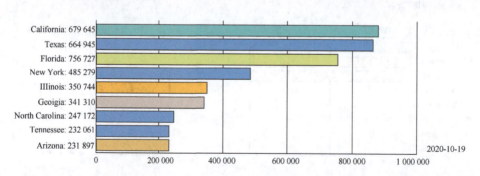

图 5.23　新冠病毒肺炎确诊病例每周数据-4

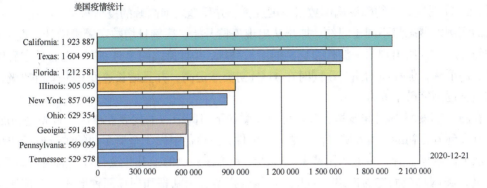

图 5.24　新冠病毒肺炎确诊病例每周数据-5

从上述动态柱状图可见，随着时间的推移，最终确诊病例排名靠前的都是美国的人口大州。此外，我们还可以看到，在 2020 年年初，纽约州是疫情重灾区，但随着纽约州加强了应对疫情的管控措施，新增病例数量大幅降低。相比之下，加利福尼亚州的病例增长较快，逐渐成为病例最多的州。

5.6.2　美国纽约州、加州疫情发展变化

从上一小节的疫情发展动态可以看到，纽约州和加利福尼亚州的新冠病毒肺炎确诊病例数量占据了 2020 年全年美国总病例数的最主要位置。接下来，我们进一步对纽约州和加利福尼亚州的疫情发展情况进行讨论。

图 5.25 中的数据选取自美国疾病控制中心发布的日增病例数字，描绘了纽约州和加州在 2020 年之中的每日新增病例情况。

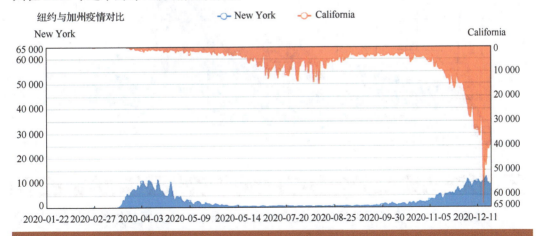

图 5.25　纽约与加州疫情对比

我们可以从时序图中直观地看出，纽约州和加州的新增病例数量的峰值出现时间并不一致。纽约州的第一个峰值出现在四月初，持续时间约为一个月。在保持了数月低增长

之后，到11月初，纽约确诊病例数目再度反弹，并反超之前高峰的疫情水平。相比之下，加州的病例发展态势不同于纽约。加州从出现疫情开始，病例日增数字慢慢攀升，直到6月中旬过后才开始出现第一波确诊病例的增长高峰，并且持续两个月左右。之后日增病例虽然缓慢下降，但和纽约州几乎同时在11月初突然走高，并且增长速度几乎呈指数级，日增病例逐渐突破了6万。

在图5.25标注的时间段里，我们可以注意如下时间节点的代表性事件。首先是2020年5月底到6月初的"黑人佛洛伊德之死"事件，该事件引发了全美多地的游行或示威活动。从确诊数据上看，多地的示威聚集性活动和确诊病例的上升并没有直接的因果关系。11月初，美国总统大选的投票活动开启。尽管投票分为邮寄和现场两种形式，但都涉及人员的大量流动，包括州内或全国范围内的人员流动。无论是纽约州还是加州，新增病例数都从11月起大幅增长。11月底，美国的传统节日感恩节到来，同时新增病例数依旧持续增长。由此可以看出，导致地方性或大范围人员流动的事件，会对病毒的传播起到一定的促进作用。

5.6.3 美国疫情总体态势

接下来，我们将美国总体的新增病例数据和地区的病例数据一同呈现，进而讨论美国疫情的发展状况。在上一小节的数据基础上，通过增加美国整体疫情日增数字，以三维走势图进行对比和分析，如图5.26所示。

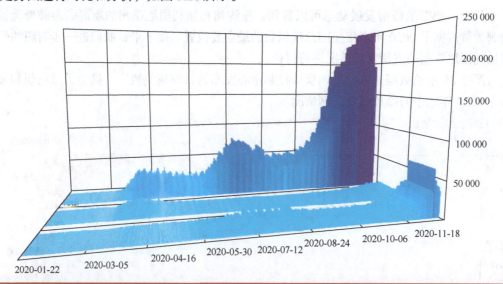

图5.26　美国疫情整体发展趋势

从趋势上看，尽管局部地区的发展情况会有差异，但是美国整体的疫情发展一直处于持续扩散的状态。值得注意的是，不同地区的确诊病例峰值重叠时，会加重美国整体疫情的确诊病例数字，使得11月之后的美国疫情确诊病例近似呈指数上升的趋势。

5.6.4 美国疫情预测

本节的最后，我们用不同的方法对 2020 年 12 月 30 日至 2021 年 1 月 8 日的病例数字进行一个简单的预测分析。

如图 5.27 所示，我们用了三种不同的"预测"方法，同时也给出了这 10 天的实际数据作为比较。从结果上看，由于实际数字的跳跃性太强，三种预测方法都只能给出病例的大概确诊数字和发展走向。相比而言，Holt-Winters 方法的预测结果最为接近实际情况，即预测出了病例上升趋势的发展。

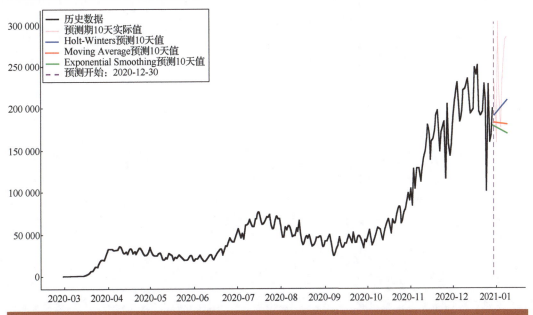

图 5.27　美国疫情发展趋势预测

第 6 章
地理数据分析

地理数据是以地球表面空间位置为参照，描述自然、社会和人文景观的数据，它直接或间接地关联着相对于地球的某个地点的数据，是表示地理位置、分布特点的自然现象和社会现象的诸要素文件，包括自然地理数据和社会经济数据，如土地覆盖类型数据、地貌数据、土壤数据、水文数据、植被数据、居民地数据、河流数据、行政境界及社会经济方面的数据等。本章简要介绍几种地理数据的分析方法。

6.1 地理热度分析

地图的基本元素通常包括点、线和面。具体而言，点是坐标点，通常用一个点代表一个地理区域。线可以是地理边界，如行政区划的边界，或者诸如河流、交通工具路线等其他地理环境要素。面则可以是地理边界围起来的所有的区域，也可以是根据所有地理点的相同特征联结起来的区域。

地理热度地图是在一定的地理区域内将数据的某一或某些特征的空间态势分布进行可视化展示的一种工具。

简单而言，就是通过不同的算法，将空间地理数据的数值映射到地图上，并通过算法转换结果后将不同数值映射成该地理区域内的不同颜色。

关于地图着色的算法有多种实现方式。如果简要表达不同的地区的变量数值不同，比如，中国各省的位置，就可以用最基本的不同颜色区分即可，即不同的省份赋予其地图上不同的颜色，或用四色地图法。

如果希望通过颜色对多个数值进行表达，那么可以通过如下方式实现。首先需要确定数值的范围，即明确最大值和最小值。然后可通过不同的算法，将原数值映射成为对应的颜色。

例如，我们想为目标地区各城市的经济生产总值描绘出一张热力图。首先确定 GDP

最高的城市的数值 GDP_{max}，再找到最低值 GDP_{min}。

然后，利用各个城市的 GDP_i 数值，计算得到 $\dfrac{GDP_i - GDP_{min}}{GDP_{max} - GDP_{min}}$。

最后，将目标地区的 GDP 的数组转化为一个范围在 0 至 1 的数组，也就方便对应颜色 RGB 上的一个数值。之后，可以对相应的数值进行着色。

按照这个思路，我们将我国各省份 GDP 数据通过热度图来进行表示。图 6.1 给出了中国 2018 年的各省 GDP 分布图。

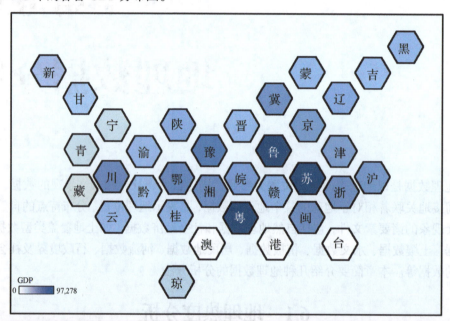

图 6.1　中国 GDP 分布图

从图 6.1 可以明显看出，经济大省、中等省和欠发达省的地理分布和地理联结的关系。类似的，对于人口数据，使用分布地图的显示效果如图 6.2 所示。

可以使用分布地图来表现一些已经做了比值处理的变量，也就是说，变量已经根据面积等因素进行了归一化处理，那么地图上的地区大小就可以看作是对变量的积分，缓和了其对视觉感受的影响。比如图 6.3 中的人口密度分布，使用的就是各省人口与面积的比值数据。从这张图可以非常直观地看出山东、河南、广东等人口大省的人口密度，同时也可以清晰地看出西部地区、中部地区和东南沿海地区三个地理分区呈现出人口密度依此增长的趋势，北京、上海、天津等城市也没有因为面积小而在图中成为异常点。

类似的，图 6.4 给出了人均地区生产总值分布图。这里使用了各省级地区 GDP 与该地区总人口的比值数据。可以看出人均 GDP 与人口密度的分布差异在于，东南沿海省份的人均 GDP 依然明显突出，而西北部的新疆和内蒙古等省份因为较少的人口和丰富的资源，也较为突出。而中部的人口大省则略显不足，甘肃显然成为最贫困的省份。

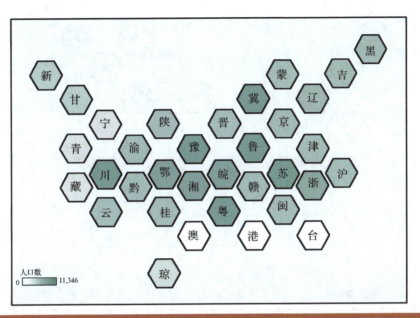

图 6.2　中国人口分布

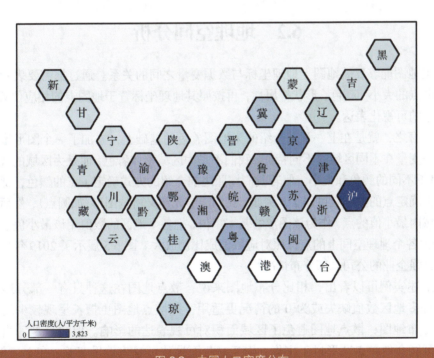

图 6.3　中国人口密度分布

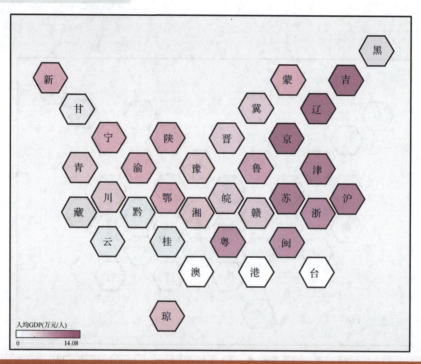

图 6.4　中国人均 GDP 分布

6.2　地理空间分析

散点地图能够反映地图上地理坐标与数据变量之间的关系。通过把需要表示的变量映射为散点的大小、颜色、形状等属性,再按照其地理坐标置于地图上的相应位置,从而实现信息的可视化表达。

简而言之,就是在上一章节介绍的为地图着色的基础上,添加了一个图形维度,来突显某一变量在不同区域的不同特征。我们不是为区域整体着色,而是为区域的代表坐标"点"赋予不同的颜色和大小。假若我们按照之前介绍的方式确定了点的颜色,那么在此基础上再确定点的大小就可以了。例如,我们能够先定义所选图形(如圆点),然后以整个地图区域内最小值的点,作为该图形的基本单位,把各个地区的数值用该最小值进行归一化处理,为各个地理空间上的点按照对应数值成比例放大。图 6.5 展示了 2019 年中国名列世界五百强企业的公司总部分布情况[①]。

从上述实例可以看出,相比分布地图来说,散点地图在这种只有一部分地区有数值,而许多地区数值缺失或为 0 的情况更适用,即散点地图更擅长呈现较少的数据。相比于分布地图,散点地图避免了区域面积对可视表达的影响。但缺点是,当数据较多时,可能会使散点图形过于密集、相互遮蔽而导致可视化效果变差。在上述例子中,

---

① 数据来自 http://www.fortunechina.com/fortune500/c/2019-07/22/content_339535.htm.

如果将数据精确到城市级别，会发现珠江三角洲地区由广州、深圳、珠海、香港等组成的城市群，数据会过于集中。

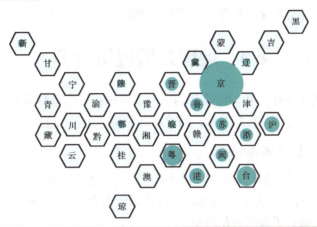

图 6.5　世界五百强企业分布

6.3　连接地图

当我们要在地图上表示两个地区某一种或某几种属性关系的时候，可以使用连接地图来达到这一目的。连接地图表现的是涉及两个地理坐标的数据，通过在地图上使用带有方向的连线来呈现，将变量大小映射为连线的颜色和粗细等属性。

在地图上画连线时，首先要找到这条连线的起始点。起始点可以直接定义为精准地点的坐标点，或者为目标地理区域内的具有代表性的点，如各个国家首都所在的经纬度。之后，再通过连线，就组成了连接地图的主要内容。

显然，连接地图能非常直观地显示数据在不同地点之间的互动关系。图 6.6 展示了中国与世界各国年进口数据的连接地图。从图中可以看出，与中国贸易关系最密集的国家首先是日韩这些邻国，然后是美英等世界上较大的经济体。

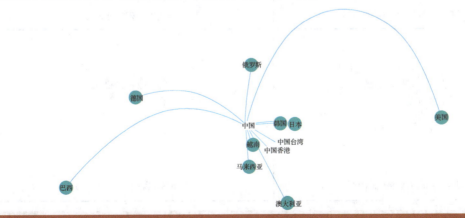

图 6.6　中国与各国的年进出口数据

连接地图与分布地图存在一个类似的问题，就是当地图上起止地点较近的线段长度不足时，往往不引人注目。只有那些距离相对较远的点，连线的长度较大，视觉效果才显得较强。这给数据的可视化分析带来了很大的困扰。

6.4 地理分析应用示例

在本节的应用示例中，我们继续使用上一章美国新冠病毒肺炎确诊病例的数据进行讨论。这里，我们从地理位置的维度，讨论新冠病毒肺炎疫情在美国的发展情况。

6.4.1 美国疫情确诊情况

我们利用美国地图，将确诊病例的数量通过颜色的差异描绘在地图上。如图 6.7 所示，我们选取了 2020 年 1—12 月每月月底的新冠病毒肺炎确诊病例数据，并分别将每月累计确诊病例的数量反映在了美国各州地图上。

请注意图 6.8 中右侧图示的刻度。尽管每个月的总新增病例数量有差异，但我们仍使用同样的颜色刻度展示，目的是能够很好地展示出各地区疫情的相对动态变化。

1月：最初的确诊病例出现在西部的加州、亚利桑那州、华盛顿州和五大湖地区的伊利诺伊州。

2月：总确诊病例数量没有大规模增加，除西部地区的零星数字增长之外，东部的纽约州也出现了确诊病例。

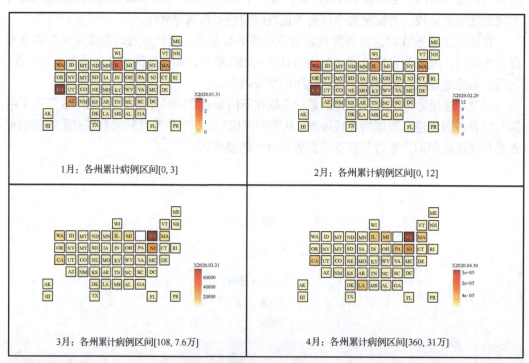

图 6.7　2020 年新冠病毒肺炎疫情美国确诊病例分布地图

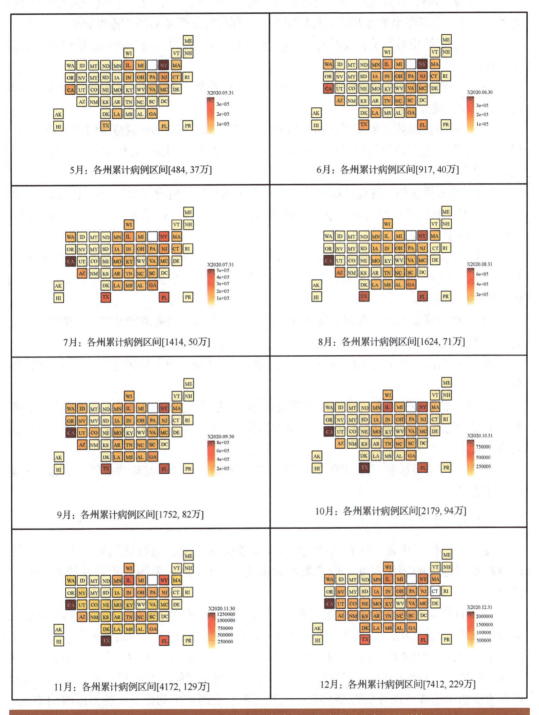

图 6.7 2020 年新冠病毒肺炎疫情美国确诊病例分布地图（续）

3月：确诊病例数量在纽约州大幅增加。除沿海地区之外，内陆地区也相继出现确诊病例。本月，全美多个地区开始实行居家令，联邦政府也开始对防控重视起来。

4月：疫情的相对严重程度没有发生明显变化，但是各州的确诊病例数量仍然处于激增的状态。

5月：内陆一些地区（如伊利诺伊州）的确诊病例数量显著上升，全国范围内的确诊病例数量增长速度开始放慢。

6月：得克萨斯州、佛罗里达州、加利福尼亚州和亚利桑那州的疫情情况急速恶化。相比之下，其他地区的疫情情况有所稳定，尤其是纽约地区周围，总体增长速度没有继续大幅度提升。

7月：佛罗里达州、得克萨斯州和加利福尼亚州的疫情情况开始快速恶化。这一现象导致的原因可能由于多地的居家令逐步解除。此外，与这三个州邻近的一些内陆地区的疫情数字也持续升高。

8月：虽然疫情整体发展的情况较七月份无大改变，但是纽约地区的疫情发展得到了有效控制，纽约州的确诊病例数量不再是最严重的地区了。然而在全国范围内，确诊病例数字依旧持续走高。

9月：得克萨斯州以东和伊利诺伊州以西的内陆中间带的疫情情况变得更为严峻，全美的疫情整体情况更加恶化。

10月：内陆地区的疫情相对严重程度进一步加重，而美国的整体疫情数字继续攀升。

11月：秋冬季的到来，以及社会活动（美国大选）产生的较大规模人员外出活动，都可能是使纽约州的确诊疫情开始反弹的重要因素。同时，全美情况迅速恶化，第二波疫情高峰来临。

12月：感恩节过后，加州确诊病例数字疯狂翻倍，增速和总确诊病例占比都在全美占主导地位。

6.4.2 美国疫情死亡情况

接下来，我们从累计死亡人数（见图6.8）数据的角度，通过使用散点图，来讨论疫情在不同地区的变化程度。所选取的数据为2020年内，美国各州每月的累计死亡病例。

1—2月期间，美国没有给出官方的死亡病例报告。从3月开始，先是纽约为首的东北部地区死亡人数激增，后来西、南海岸及五大湖地区的死亡人数也逐渐增多。而值得注意的是，虽然加州的确诊病例人数远远高于其他地区，但总死亡人数在全美并不突出。死亡人数最高的州是纽约州，其中的部分原因包括疫情初期的应对不当、人员密集，以及民众恐慌情绪造成的医疗资源挤兑等。此外，随着检测水平的提高和检测范围的增大，更多的患者被确诊，从侧面也反映出，疫情初期所报告的确诊病例数量很可能被低估了。这两种可能性可以在一定程度上解释为何加州的确诊病例数量大（第一波高峰期为6月），但总死亡人数不是特别突出。

第 6 章　地理数据分析

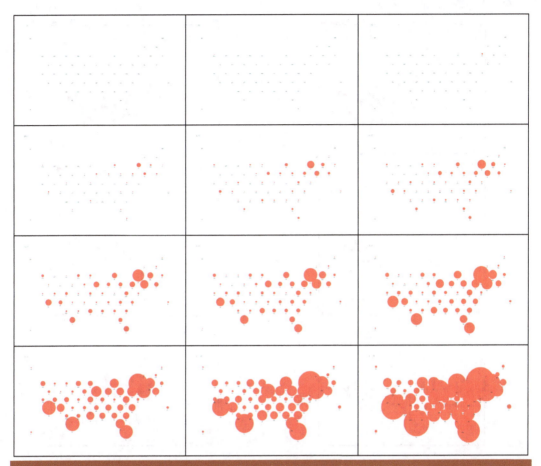

图 6.8　2020 年新冠病毒肺炎疫情美国死亡病例人数散点地图

6.4.3　美国疫情传播分析

我们接下来用美国 2020 年 1—6 月的飞机乘客客流量来进一步讨论纽约州和加州地区的疫情影响因素。数据来源自美国交通部交通统计局[①]。在图 6.9 中，我们使用了美国 2020 年前半年的国内所有记录在案的乘客飞机出行的客流数据，其中包括美国国内的航空公司和其他国家的航空公司在美国国内运营的所有航班记录。

如图 6.9 所示，在 2020 年 1 月时，无论是从纽约州出发（第一行左）还是从加州出发（第一行右）的乘客流量都很大。从纽约州来看，纽约州和佛罗里达州间的客流量是最大的，其次是加州、得克萨斯州这些地理位置偏南、气候温暖的冬季度假胜地。而加州的乘客主要流向夏威夷州，西部沿海的俄勒冈州、华盛顿州，南部的亚利桑那州和得克萨斯州等西南部地区，再次就是东部沿海发达地区。总体而言，在美国本土疫情确诊病例爆发前，纽约州和加州的客流量区别不大。

---

① 数据来自 https://www.transtats.bts.gov/Fields.asp?Table_ID=310&SYS_Table_Name=T_T100D_MARKET _ALL_CARRIER&User_Table_Name=T-100%20Domestic%20Market%20%20(All%20Carriers)&Year_Info=1&First_Year= 1990&Last_Year=2020&Rate_Info=0&F requency=Monthly&Data_Frequency=Annual,Quarterly,Monthly.

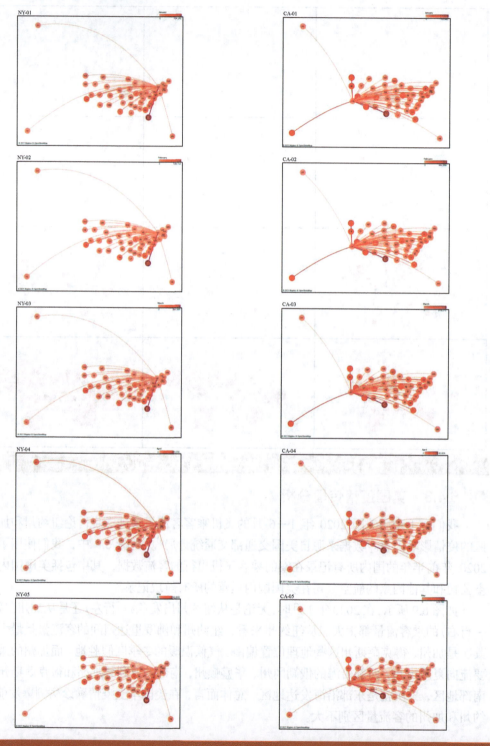

图 6.9 美国国内航空出行客流量

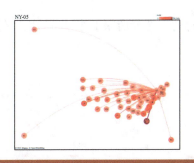 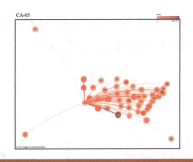

图 6.9　美国国内航空出行客流量（续）

2 月的情况总体上与 1 月相似，然而纽约州地区的乘客出行量（从纽约州出发，第二行左图）较 1 月的环比提高，而加州地区的客流量（从加州出发，第二行右图）有所下降。

3 月纽约州确诊病例数量大幅增加，人员流动情况也开始发生变化。纽约州的客流量（从纽约州出发，第三行左图）相比 2 月减少一半。加州（从加州出发，第三行右图）的情况也相似，但减少量比纽约州略小，不到一半。同时，加州去往夏威夷州的旅客量大幅度减少。加州去往纽约州的客流量也在减少。

4 月，受居家令和人们对疫情重视的影响，纽约州的客流量（从纽约州出发，第四行左图）不足 2 月的 1.5%。同时，加州的客流量（从加州出发，第四行右图）也大大减少，为 2 月的 6% 左右。然而我们也可以看到，纽约州受疫情的影响，伴随着强有力的管控措施，旅客出行量不足加州的 1/4。

从 5 月开始，纽约州的客流量（从纽约州出发，第五行左图）有所恢复，将近 4 月的 5 倍，但仍然只有 2 月客流量的 6% 左右。加州的客流量（从加州出发，第五行右图）恢复较多，为上个月的 3 倍多，恢复到 2 月客流量的 20% 左右。

6 月，纽约州的客流量（从纽约州出发，最后一行左图）继续慢慢增长，为 2 月的 12% 左右。加州的客流量（从加州出发，最后一行右图）继续回升，增长到 2 月的 30% 左右，是纽约州客流量的 2 倍多。

6.4.4　宅在家里还是出门旅行

最后，我们来看另一组有趣的数据。这组数据同样来自美国交通部交通统计局[①]。这组数据统计了自 2019 年美国各州平均人们每天留在家里的人口比例以及旅行的次数。经过数据分析处理后，我们将结果图拼成美国地图的形状，呈现这组数据的统计结果（见图 6.10）。

数据的第一个维度是在家人口比例（stay ratio，每张图标的右纵坐标轴），记录了美国每个州有多少人在每个时间节点上选择在家而非出行。我们用时间趋势线来表示每个州从 2019 年到现在的居家人口比例的变化趋势。

可以看到，随着疫情的爆发，各个州的居家比例都是显著上升的，尤其是 2020 年

---

① https://data.bts.gov/Research-and-Statistics/Trips-by-Distance/w96p-f2qv.

3—4 月，随着全美居家令的实施，各个州的居民都普遍选择居家工作、生活而非外出。这些时间趋势线都表现得较一致。

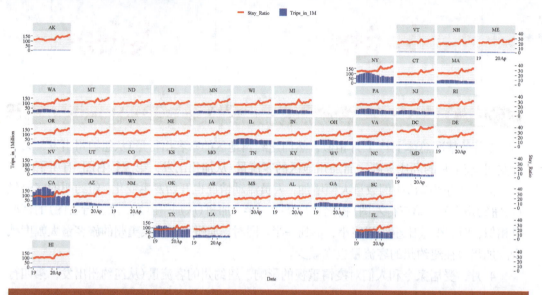

图 6.10　居家人口比例与旅行人次

然而趋势不能代表个体的绝对数字的差异。数据的另一个维度给了我们更多的信息，即平均每天旅行次数。我们用柱状图来表示各州平均每月中每天旅行次数的时间变化，便可以看到以百万计的每个州在每个月的人们旅行/出行的平均每天旅行次数估计值。可以发现，人口多的大州，如纽约、佛罗里达、得克萨斯、加利福尼亚等州的人们出行次数是最多的。频繁的出行次数也和较高的确诊病例数相呼应。值得注意的是纽约州和加州。纽约州人在 2020 年出行的次数的下降程度并没有比加州同期的下降幅度大。但是在疫情确诊总人数上，加州却远远超过纽约州并出现大幅激增的趋势。

第 7 章
图数据分析

图数据是一种通常用来表现和存储"多对多"关系的数据形式。本章将介绍图数据——将数据转化成节点，同时将数据的关系用节点的连线表示，并讲解几种图数据的分析和可视化方法。图和网络具有一定的相似之处，此章讲解的一些算法，也可以应用到网络数据分析中。

7.1 图数据概述

在上一章对地理数据的可视化中，我们使用了连接地图来呈现地区之间的人员流动。连接地图通常只能展示出数据节点之间整体的趋势，若想对数据进行更详细的分析和计算，可以从图论的角度来着手。

图论是数学中用于研究事物及它们之间关系的一套理论体系。最早的图论问题可追溯至柯尼斯堡七桥问题（见图 7.1）。在柯尼斯堡，有七座桥连接着不同城区。问题是，如何能够在一次行程中不重复地从这七座桥上都走过？

为了研究这个问题，欧拉把图 7.1 左侧的柯尼斯堡实际地图，转换为右侧的点线图。其中，四个节点分别代表被河流分开的四个区域，根据连接四个区域之间的七座桥，用七条线连接这些节点，从而清楚地抽象描述了四个区域之间的连通关系。这样，柯尼斯堡中的行走问题，被转化成了图上的一笔连问题。在不重复一笔连问题中，拥有奇数条边的点只能是 0 个或 2 个，因为除了起点和终点，其他点都是被路过，每条来路都对应一条去路。

作为数学中的基础理论之一，图论已经得到了广泛且深入的研究。一般情况下，对于有关事物及事物间关系的数据，都可以作为图数据的形式来分析。典型的数据包括各经济体之间的贸易数据、销售数据，不同地点之间的运输成本等。在图数据中，数据的标签可抽象成为具有多种属性的节点，连线可以作为标记大小和方向的矢量。

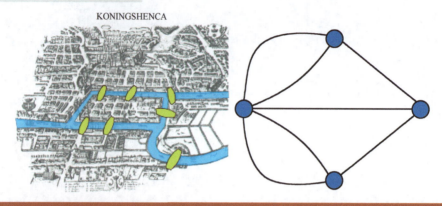

图 7.1 柯尼斯堡七桥问题[1]

一张图 G 是一个二元组 (V,E)，其中 V 称为顶点集，E 称为边集。它们亦可写成 $V(G)$ 和 $E(G)$。E 的元素是一个二元组数对，用 (x,y) 表示，其中 $x,y \in V$。在数据处理中，可以使用边集 E 作为图数据的记录方式。也就是使用 $m=|E|$ 个向量记录图中的每一个边，每个都是 (x,y) 的格式，如果有边长的数据，则是 (x,y,l) 的格式。不过，当一个图中的顶点数量较多时，其包含的边可能会呈两倍数量级地增长。此时可以使用矩阵形式记录图数据，即作大小为 $n \times n$ 的矩阵，其中 $n=|V|$，也就是顶点个数。在矩阵坐标 (x,y) 处填入对应边长 l。这两种记录方式是等价的，可以相互转换，但是计算时会有所不同。

7.2 树　　图

当我们对一个概念进行思考的时候，通常会在头脑中分析各种可能性，而每个可能性又能衍生出其他可能性。在数学上，我们用条件概率来定义一件事情的各种可能性结果。那么相似地，我们也可以对有相同特征的数据进行分类，一层一层去考虑数据的类别，直到穷尽各个类别的所有子类别。其中，延续这种逻辑的最基本的图数据便是树图。树图中的任意两个节点之间都有且仅有一条通路相连，因此树图是连通且无环的图。将树图中的任意一个节点作为根节点，想象着提着这个节点将整棵树拎起来，则与根节点直接相连的节点被称作根节点的子节点，与子节点直接相连的其他节点为孙节点。整棵树呈现出一种层级关系，看起来像一棵向下生长的树，或一个家族的族谱，树图的名称也因此由来。图 7.2 展示了一个利用树图描述学科分类关系的例子。各个一类学科及其相应子学科被树图清晰地呈现出来。

树图有一个核心的特点：除根节点外，其余所有节点都有且仅有一个父节点。也就是说，每棵子树都是独立的，不会向下延伸之后又相交。全图如果有 n 个节点，那么就有 $n-1$ 条边。树图重点展现了数据间的层级关系，因而比较适合于分类、组织结构、文章架构等内容的呈现。

---

[1] 图片来自 https://zh.wikipedia.org/wiki/%E6%9F%AF%E5%B0%BC%E6%96%AF%E5%A0%A1%E4%B8%83%E6%A1%A5%E9%97%AE%E9%A2%98.

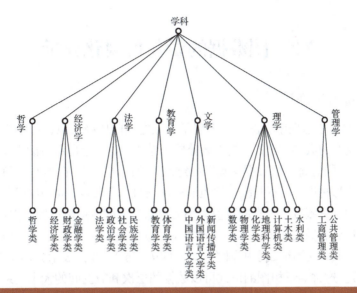

图 7.2　学科分类树图

传统的树图是如图 7.2 呈现的纵向的树图。从呈现效果而言，纵向的树图有个明显的缺点：一旦底层数据较多，图的上部会变得空旷，下部则会很密集，导致空间利用率太低。解决这个问题，可以将树图沿径向绘制，利用同心圆的周长随半径增大而增大的特性，提高空间利用率（见图 7.3）。这样，从视觉效果来看，圆形的树图就解决了金字塔似的纵向树图底部过宽的问题。

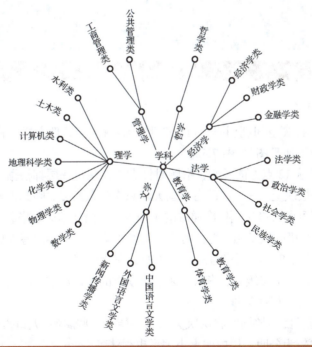

图 7.3　学科分类圆形树图

7.3 图数据的量化可视化分析

7.3.1 矩形树图

在前一节的树图呈现中，图形只表现了节点之间的层级关系，而无法表现节点自身的属性。很多类型的数据，比如，按地区分层的销售数据、全国各省的人口数据等，既有一定的层级关系，同时每一层数据又具有一定的权值或属性。为了更好地呈现这样的数据，我们可以使用矩形树图，用不同颜色的矩形来代表每一个节点，同一层级的节点分布在大矩形的同一层中，按照节点自身的数值大小为权重来分配节点矩形的面积(长)。图7.4展示的是中国人口分布数据矩形树图。矩形树图的纵向表示层级关系(各个省份为第一层，所在地区为第二层，共同组成了中国总人口，即第三层)，横向表示大小关系(人口所占各层比例的大小)。这种矩形树图的形式可以数据的层次和数据间的大小关系分布同时进行可视化表达。

图 7.4 中国人口分布数据矩形树图

7.3.2 旭日图

同样地，为了提高空间利用率，可以依照圆形树图的处理方式，将矩形树图也沿着径向绘制，就构成了旭日图(见图7.5)。

这里的旭日图从12点方向开始，沿顺时针方向，在每一层都根据数值的占比多少进行绘制。如在第一层级上，华东地区占中国大陆总人口数最多，因此占顺时针方向的第一个扇形位置，同理可做人口比例依次递减的中南地区、西南地区、华北地区、东北地区及西北地区。当然，这里的旭日图只能回答人口总数的大小，不能回答人口和面积的相互关系。在阅读相关数据的时候，要思考总量大小的分布背后有没有其他的因素在影响这样的结果。接下来，在第二个层级上，华东地区里山东省的人口最多，因此在三环里处于顺时针的第一个扇形位置，以此类推。

可以看出，旭日图能够同时将层次关系和各层的一些属性(人口占比多少)清晰地呈现出来，各级层次较为分明，层内的大小关系也很清楚。

第 7 章 图数据分析

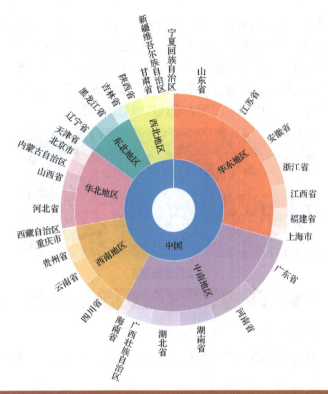

图 7.5 中国人口分布旭日图

7.4 图数据嵌套关系分析

7.4.1 矩形堆积图

矩形树图的另一种表达方式是矩形堆积图(treemap)，指的是一种利用嵌套式矩形来显示树状结构数据的方法。此种呈现方法能以不同颜色区块呈现不同资料，可以通过区块大小看出各资料数值大小。该区块范围越大，代表该资料数值越大、越多(见图 7.6)。

图 7.6 中国人口分布矩形堆积图

在矩形堆积图中，同层的数据不再放置于同一行中，而是以大小为权重，填充其父节点的矩形，从而嵌套地完成图形的绘制。不过多层关系同时表现在一张图中可能导致图像过于混乱而难以观察，可以采用交互的可视设计来解决这个问题。例如，在图 7.6 的界面中点击华东地区的矩形，即跳转进入华东地区的堆积图视角，得到图 7.7。由于矩形堆积图结构紧凑而节省空间，因此可用于大规模层级数据的展示。

图 7.7　华东地区人口分布矩形堆积图

7.4.2　圆堆积图

堆积图的另一种构型是使用圆形而非矩形来表示每一个节点，作图的逻辑并不变（见图 7.8）。

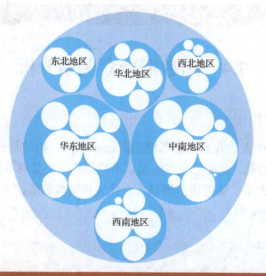

图 7.8　中国人口分布圆堆积图

圆堆积图是比矩形堆积图更常见的可视化方式。事实上，圆形的结构会使得图中父节点的空间不能被子节点完美分割而产生一定的空余。尽管空间利用率会被降低，但这反而使得层级之间的区分更加清晰，使得一张静态的图上可以放下多层数据。那些在组内相对较小的数据，在矩形堆积图中往往难以被发现，但在圆堆积图中却十分醒目。另外，圆形的堆积图也使得图像更具美感。

7.5 图数据中的关联数据

前几节我们重点考虑的是层级数据的可视化问题，关心的是每一层中各节点在整体中所占的比例。接下来我们把注意力转向相互之间完全对等的节点，重点考虑这些节点之间存在哪些联系以及联系的强弱，并如何对这些关注的特征进行可视化呈现。

7.5.1 弧线图

弧线图是那些将所有存在关系的节点使用一条弧线相连接，并根据连线的密度、颜色等特征直观地展现重要节点及其紧密联系的图形。如果节点两两间有联系，则联系的权值可以使用连线的粗细或颜色来体现。如果有 n 个节点，那么出于两两关系的定义，每个节点都将有 n–1 条连线，排除重复的两两关系，那么一共有 $\frac{n(n-1)}{2}$ 条连接线。

图 7.9 给出了中美英法俄五国的双边贸易关系，用权值大的那个方向的起点颜色为连线着色，也就是说，连线颜色与贸易顺差（出口额大于进口额）的国家一致。也可以与图中的连线和节点进行交互来直接查看数据大小。节点拥有的同颜色的连线越多，就说明该点的数值越大，且每个颜色不会超过 n–1 个节点数。举例说明，图中中国是蓝色节点，美国是橙色节点，俄罗斯是紫色节点，英国是黄色节点，法国是粉色节点。一共有 4 条蓝色连线，三条紫色连线，两条粉色连线和一条黄色连线。也就是说，中国对其他四国都是贸易顺差，美国对其他四国都是贸易逆差，因为没有一条橙色的连线。

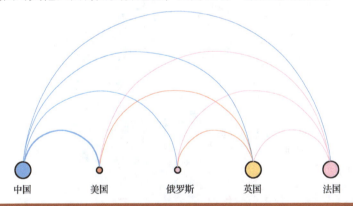

图 7.9 五国贸易关系弧线图

弧线图的节点顺序可以自由决定，也可以按照连线数量或者节点权值来决定。弧线图简单易懂，不需要预设节点之间的关系。需要注意的是，图像的承载能力有限，一旦数据点或者关系过多，图像就会杂乱而难以观察。

7.5.2 极坐标弧线图

解决图像杂乱而难以观察的一个办法是不再将节点沿直线排布，而是沿一个圆周排布，即极坐标弧线图（见图 7.10）。

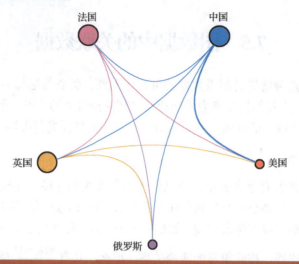

图 7.10　五国贸易关系极坐标弧线图

7.5.3　弦图

为了提升节点的权重和连线的权重，可以将节点由圆点变为圆弧来表示，将连线变为两头粗细不同的彩带来表示，节点的长度与其权值成正比，全部节点连接起来构成外层的圆，内层由彩带填充，彩带的两头分别为两个方向的关系的权值，用较宽的一端的节点颜色为彩带上色，就构成了弦图（见图 7.11）。

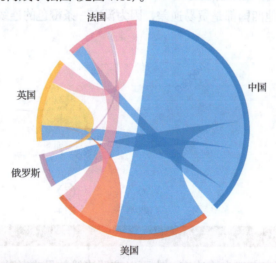

图 7.11　五国贸易关系弦图

弦图扩展了数据编码信息，并且提高了空间利用率，使得它能承载较大规模的数据。不过当节点数量过多的时候，彩带的相互遮蔽现象也比较严重，因此配合图像的交互来达到选取部分数据重点关注的效果。

弦图也可以用来表现数据在两个组别中的对应关系，比如，圆上左侧的节点是各个国家，而右侧的节点是不同贸易类型，这样就可以观察出各国的贸易总额和其贸易类型的分布。

7.5.4 冲积图

上节最后提到的情况更适合使用冲积图,即把节点从圆周上转移到多条平行线上,每条平行线代表一个组别或是一个时间点,从而表现出数据在组间转移或者随时间流动的趋势来。如图 7.12 所示的冲积图表现了不同品牌手机出货量与用户性别和年龄的关系,从图中可以观察出市场主流品牌苹果、华为、OPPO、vivo 和小米的体量差异,发现在用户总体性别比例接近的情况下,华为和小米的男性用户比例高,而 vivo、OPPO 和苹果的女性用户比例高。从年龄分布的角度来说,25～34 岁是市场的主力人群,OPPO 拥有更多比例的 18～24 岁年轻用户,而苹果则在 18 岁以下和 28～24 岁的人群中都拥有大量用户,可能的原因是用户有攀比消费心理,或者苹果账户便于家长监控孩子的手机使用情况。

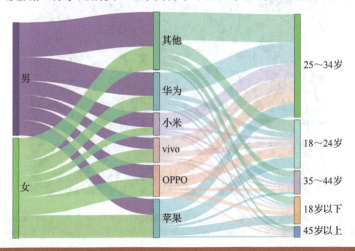

图 7.12 不同品牌手机出货量冲积图

冲积图也可以交互地筛选查看,如图 7.13 所示。

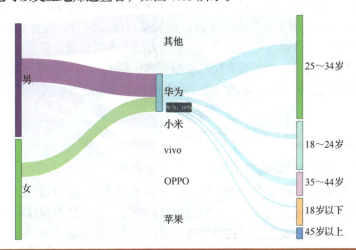

图 7.13 冲积图的筛选

7.6 力导向布局分析

7.6.1 力导向设计思路

对规模宏大、没有明确结构的数据(如社交网络的用户关系数据)，可以使用力导向图(见图7.14)。用力导向图表达节点之间的关系时，只用到了节点位置这一个可视化因素。力导向图是最流行的图表示方法之一。

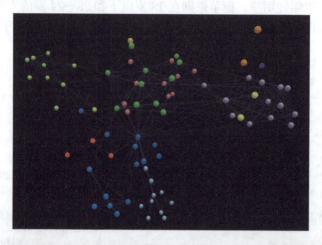

图 7.14 社交网络关系力导向图

力导向图的可视化思路来自分子间的作用力——当分子的间距增大时，会有一个吸引力将它们向中间拉拢；当分子的间距减小时，会有一个排斥力将它们向外面弹开。因此不同物质的不同分子根据自身的特性，就会最终稳定在一个能量较低的状态。

一种常用的算法是用库仑力作为斥力，弹簧弹力作为引力。若将节点视为带有同种电荷的粒子，则所有节点会相互施加斥力，且该力的大小与距离的平方成反比。同时，将连线视作一根弹簧，若被连接的节点超出初始距离，则会产生与形变长度成正比的引力。从一个随机的初始态出发，在运动的过程中能量逐渐衰减，最后得到的稳定布局就是力导向分布的。

7.6.2 力导向布局优点

力导向布局(也称为力导向算法)的优点有如下几项。

(1)高质量的结果。至少对于中等大小的图形(最多50～500个顶点)，基于以下标准获得的结果通常具有非常好的结果：均匀的边长，均匀的顶点分布和显示对称性。对称性很重要，很难用任何其他类型的算法来实现。

(2)灵活性。力导向算法可以轻松地进行调整和扩展，以满足其他审美标准。这使它成为最通用的图形绘制算法。现有扩展的示例包括有向图、3D 图、集群图、约束图和动态图。

(3)直觉的。由于力导向算法基于弹簧等常见对象的物理类比，因此算法的行为相对容易预测和理解。其他类型的图形绘制算法则不是这种情况。

(4)简单。典型的力导向算法很简单，可以用几行代码实现。通常还涉及其他类别的图形绘制算法，如用于正交布局的图形绘制算法。

(5)互动性。这类算法的另一个优点是交互方面。通过绘制图表的中间阶段，用户可以了解图表的演变方式，将其从纠结的混乱中解脱出来，变成美观的配置。在某些交互式图形绘制工具中，用户可以将一个或多个节点从其平衡状态中拉出，并观察它们迁移回原位。这使它们成为动态和在线图形绘制系统的首选。

(6)强大的理论基础。虽然简单的临时力导向算法经常出现在文献中和实践中（因为它们相对容易理解），但更多有道理的方法开始受到关注。自20世纪30年代以来，统计学家就一直在解决多维比例缩放（MDS）中的类似问题，物理学家在解决相关 N 体问题方面也有着悠久的历史，因此存在极其成熟的方法。作为示例，如上所述，度量 MDS 的应力集中化方法可以应用于图形绘制。应力集中化是单调收敛的。单调收敛是算法每次迭代都会降低布局的压力或成本的属性，因此很重要，因为它可以确保布局最终达到局部最小值并停止。阻尼计划会导致算法停止，但不能保证达到真正的局部最小值。

7.6.3 力导向布局缺点

力导向布局有如下缺点。

(1)高运行时间。通常认为典型的力导向算法的运行时间等效于 $O(n^3)$，其中 n 是输入图的节点数。这是因为迭代次数估计为 $O(n)$，并且在每次迭代中，都需要访问所有节点对并计算其相互排斥力。这与物理学中的 N 体问题有关。但是，由于排斥力本质上是局部的，因此可以对图形进行分区，以便仅考虑相邻的顶点。算法用于确定大图布局的常用技术包括高维嵌入、多层绘图以及与 N 体模拟相关的其他方法。例如，基于 Barnes–Hut 仿真的方法 FADE 可以将每次迭代的运行时间缩短至 $n*\log(n)$。粗略地估算，在几秒钟内，每种迭代技术可以期望最多绘制 1 000 个节点，每个标准 n^2 为标准，每个迭代技术可以使用 $an*\log(n)$ 绘制 100 000 个节点。强制控制算法与多级方法结合使用时，可以绘制数百万个节点的图形。

(2)局部最小值问题。不难发现，力导向算法产生的图具有最小的能量，但这种最小能量也许只是局部的。在许多情况下，发现的局部最小值可能会比全局最小值差很多，这就好像是半山腰的一个小坑，会转化为低质量的工程图。对于许多算法，尤其是仅允许顶点下坡移动的算法，最终结果可能会受到初始布局的强烈影响，而在大多数情况下，初始布局是随机生成的。随着图的顶点数量增加，局部极小值不佳的问题变得更加重要。不同算法的组合应用有助于解决此问题。例如，使用 Kamada–Kawai 算法快速生成合理的初始布局，然后使用 Fruchterman-Reingold 算法来改善相邻节点的位置。实现全局最小值的另一种技术是使用多级方法。

7.7 搜索算法

搜索算法是利用计算机的高性能来有目的地穷举一个问题解空间的部分或所有的可

能情况，从而求出问题的解的一种方法。所有的搜索算法都可以分为控制结构(扩展节点的方式)和产生系统(扩展节点)两部分，算法优化和改进基本都是通过修改其控制结构来完成的。

我们根据初始条件和扩展规则，把一个具体的问题抽象成为树状的图论模型，即搜索算法使用第一步。

由图 7.15 可知搜索树模型。初始状态对应着根节点，目标状态对应着目标节点。排在前的节点叫父节点，其后的节点叫子节点，同一层中的节点是兄弟节点，由父节点产生子节点叫扩展。完成搜索的过程就是找到一条从根节点到目标节点的路径，每个路径都是一个解，找出一个最优的解。这种搜索算法的实现类似于图或树的遍历，通常可以有两种不同的实现方法，即深度优先搜索(Depth First search, DFS)和广度优先搜索(Breadth First Search, BFS)。两种算法的控制结构和产生系统很相似，唯一的区别在于对扩展节点选取上。由于其保留了所有的前继节点，所以在产生后继节点时可以去掉一部分重复的节点，从而提高搜索效率。这两种算法每次都扩展一个节点的所有子节点，而不同的是，深度下一次优先扩展的是本次扩展出来的子节点中的一个，而广度优先扩展的则是本次扩展的节点的兄弟点。

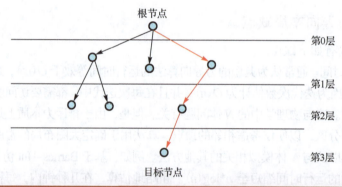

图 7.15 搜索树模型

7.7.1 广度优先搜索算法

广度优先搜索算法是最简便的图的搜索算法之一，是一种盲目搜寻法。它并不考虑结果可能的位置，单纯地进行整张图搜索。广度优先搜索利用队列结构，先从开始节点的邻居开始遍历，先进行检索，看节点是否满足要求，若满足目标要求，则结束搜索；若不满足目标要求，就将该节点弹出队列，并标记该点已访问过，将该节点的邻居加入队列，最终完成遍历。

广度优先搜索算法往往用于解决两类问题：①从 X 出发是否存在到达 Y 的路径；②从 X 出发到达 Y 的最短路径。Dijkstra 单源最短路径算法和 Prim 最小生成树算法都采用了和广度优先搜索算法类似的思想。

如图 7.16 所示，广度优先搜索算法类似树的按层遍历，首先设置 A 为初始点，访问初始点 A，并将其标记为已访问过，接着访问 A 的所有未被访问过可到达的邻接点 B、C，并均标记为已访问过，然后再按照 B、C 的次序，访问每一个顶点的所有未被访问过的邻接点 D、E，并均标记为已访问过，然后访问 F。这样图中所有和初始点 A 有路径相通的顶点都被访问过，输出 A 到 F 的路径（路径不止一条），以及最短距离。

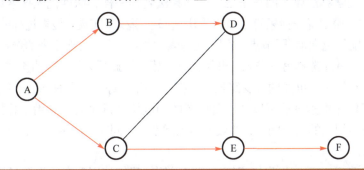

图 7.16　广度优先搜索算法思想示意图

对如表 7.1 所示的数据使用广度优先搜索算法的结果如图 7.17 所示。

表 7.1　一组图数据

起　点	终　点
0	5
2	4
2	3
1	2
0	1
3	4
3	5
0	2

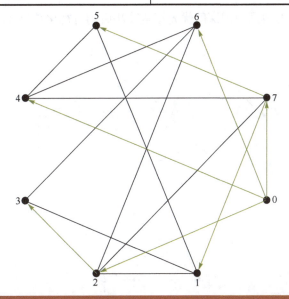

图 7.17　广度优先搜索算法可视化结果

7.7.2 深度优先搜索算法

深度优先搜索算法属于图算法之一，如算法名称一样，深度优先搜索算法要尽可能"深"地搜索树。深度优先搜索算法可以采用递归或者栈来实现。搜索过程的基本思想是：选择某一种可能情况向前（子节点）探索，在探索过程中，一旦发现原来的选择不符合要求，就回溯至父节点重新选择另一节点，继续向前探索，如此反复进行，直至求得最优解。简要来说，就是对每一个可能的分支路径深入搜索，并且每个节点只访问一次。

利用深度优先搜索算法可以产生目标图的相应拓扑排序表，利用拓扑排序表可以很方便地解决很多相关的图论问题，如最大路径问题等。同时，在迷宫问题上也经常会用到深度优先搜索。

如图 7.18 所示的深度优先搜索算法思想示例，我们使用深度优先搜索算法，设 A 为初始点。首先访问初始点 A，然后选择一个子节点继续探索，这里选择 B，那么路径就是 A→B→D→E→F。此时到 F，没有子节点，我们回溯至点 E。然后选择 C 进行探索，访问 C 过后，由于没有下一个子节点，我们继续回溯至 E。E 无子节点可以选择，继续回溯至 D，D 也无子节点，依次类推回溯至 A，所有节点都被访问，得到最优结果。

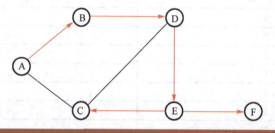

图 7.18 深度优先搜索算法思想示意图

对如表 7.1 所示的数据使用深度优先搜索算法后的可视化结果如图 7.19 所示。

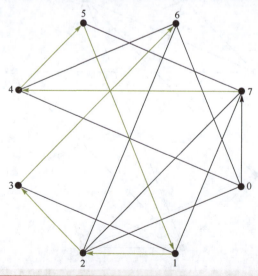

图 7.19 深度优先搜索算法可视化结果

7.8 最短路径算法

最短路径是指，一个图里有很多边，连接各个点的每条边有权值，最短路径法可以帮我们找出两点之间的权值最小的路径。在现实生活中，最短路径问题也随处可见，如出行选择最短路途问题、快递选择最优中转站送达问题等。

如图7.20中的图数据，假设节点1是源点，如果用这样长度的绳子将各个节点连接起来，那么拎起节点1，从上往下悬挂，那些绷直的线相加就是源点到各个点的最短距离，比如节点1是源点，到其他点的最短距离分别是7、11、13、10、8、5（分别到节点2、节点3、节点4、节点5、节点6、节点7最短距离）。

求最短路径有多种方法，这里我们来介绍一下 Dijkstra 算法。

Dijkstra 算法使用了广度优先搜索解决赋权有向图或者无向图的单源最短路径问题，算法最终得到一个最短路径树。该算法常用于路由算法或者作为其他图算法的一个子模块。

Dijkstra 算法采用的是一种贪心的策略，首先，声明用一个数组 dis 来保存源点到各个顶点的最短距离和一个保存已经找到了最短路径的顶点的集合：T，初始时，原点 s 的路径权重被赋为 0 (dis[s] = 0)。若对于顶点 s 存在能直接到达的边(s,m)，则把 dis[m] 设为 w(s, m)，同时把所有其他(s 不能直接到达的)顶点的路径长度设为无穷大。初始时，集合 T 只有顶点 s。

其次，从 dis 数组选择最小值，则该值就是源点 s 到该值对应的顶点的最短路径，并且把该点加入 T 中，此时完成一个顶点，

再次，我们需要看看新加入的顶点是否可以到达其他顶点，并且看看通过该顶点到达其他点的路径长度是否比源点直接到达短，如果是，那么就替换这些顶点在 dis 中的值。

最后，再从 dis 中找出最小值，重复上述动作，直到 T 中包含了图的所有顶点。最终得到的结果如图7.21所示。

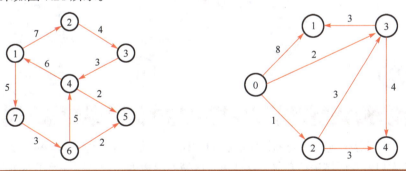

图 7.20　一组图数据　　　　　　　图 7.21　最短路径结果

7.9　图分析应用示例

结合上两章的例子，我们进一步分析美国疫情的相关情况。之前我们用地图呈现了美国各

州的疫情在不同时间点的相对和绝对严重度。2020年也是美国的人口普查年。人口普查的结果将直接决定每个州的众议院席位的多少。而美国是选举人团制度，即大部分州适用"赢者通吃"规则，因此，人口普查的结果将影响选举人团制度下的美国总统的归属。举例说明，由于2020年的普查结果会在2021年公布，美国人口普查局根据2010年人口普查的结果进行模型估算，发现纽约州的人口在2020年7月有大约0.65%的同比下降。如果这个估算属实，那么纽约州将在未来减少一个众议院的席位，即由27个席位变成26个席位。因此，鉴于人口普查的数据如此重要，那么我们有必要了解一下美国人口普查的相关基本概念。

7.9.1 美国人口普查分区

我们在这里选取美国人口普查制度下划分的美国各个区域，即每个州所属的地区是什么。如图7.22所示，美国的每个州都被归入一个人口普查区域里。从地图上，我们可以直观地看出每个州所属地区的具体位置。我们也可以将这些信息转换成图标可视化的形式，便于对这些相关的信息进行进一步挖掘。

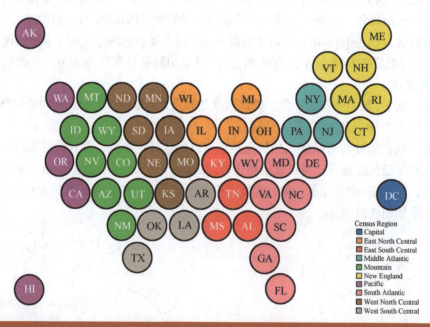

图 7.22　美国人口普查分区

首先，我们分别选取横向的树图和径向的树图将美国各州（包括华盛顿特区和波多黎各）所属的人口普查区域进行总结，这样每个区域所涵盖的州数量就一目了然了，如图7.23和图7.24所示。

7.9.2 美国新冠病毒肺炎确诊病例按人口普查分区分布

但我们更关心的问题是，这些人口普查地区的新冠病毒肺炎确诊病例情况是什么样的。首先我们将2020年11月底当天公布的新冠病毒肺炎累计确诊病例描绘出一个旭日图

（见图 7.25）。可以看到，南大西洋区、东北中心区、西南中心区和太平洋地区的确诊病例占据了超过一半的美国确诊病例数字。这与我们之前从地图上获得的信息有非常大的区别。当我们单独考虑一个州而忽略了相邻州的关联性的时候，就容易忽略疫情的整体发展态势。从结果上看，虽然中大西洋地区（纽约州所在区）是疫情先发地，但随着该地区的防控措施得当，加上其他地区防控不利，该地区并没有成为累计新冠病毒肺炎病情最严重的人口普查区域。而事实上，南大西洋地区的疫情累计数字最为严重。这包括了美国东南沿海的各州。

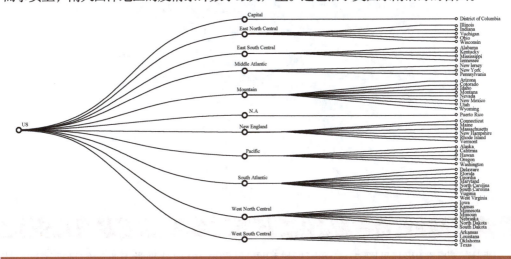

图 7.23　美国人口普查分区横向树图

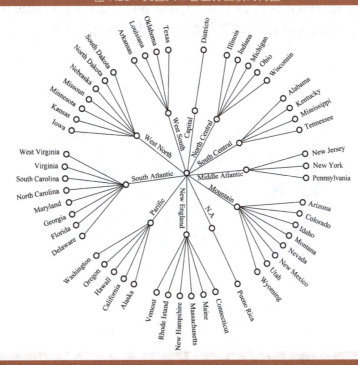

图 7.24　美国人口普查分区径向树图

大数据分析：从理论到实践

图 7.25　新冠病毒肺炎确诊病例分布旭日图

同样，圆堆积图（见图 7.26）和矩形堆积图（见图 7.27）也从视觉上为我们呈现了这一类似的结果。用图形面积的大小可以从视觉上直接告诉我们疫情发展到 2020 年 11 月末，美国的东南沿海、中部五大湖地区和西部沿海各州的疫情发展最为严重。

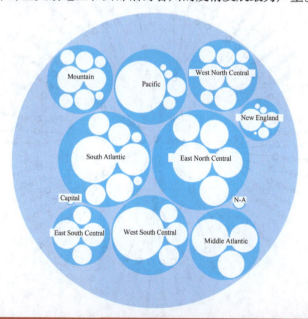

图 7.26　新冠病毒肺炎确诊病例分布圆堆积图

第 7 章 图数据分析

综上，我们利用了图数据分析工具，通过美国人口普查的分区，对美国的新冠病毒肺炎确诊病例分布进行了进一步的统计。相信这些统计结果会对我们分析美国人口和新冠病毒肺炎确诊病例的分布有很大帮助。

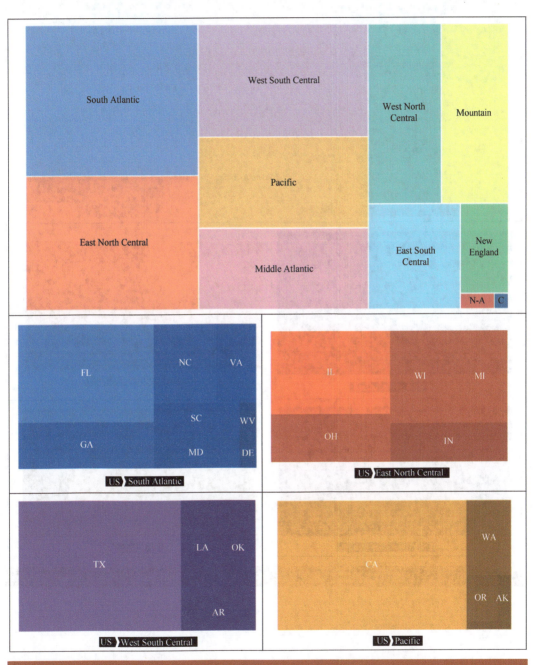

图 7.27　新冠病毒肺炎确诊病例分布矩形堆积图

大数据分析：从理论到实践

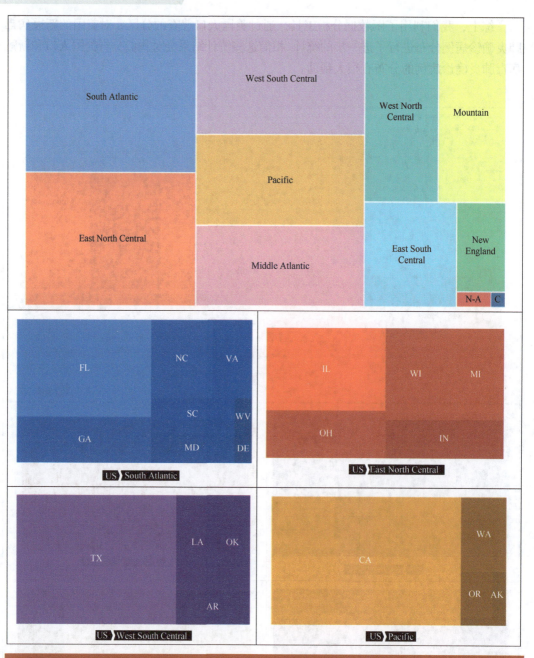

图 7.27 新冠病毒肺炎确诊病例分布矩形堆积图（续）

第 8 章
文本数据分析

在前面的章节中，我们主要对结构化数据(多维、地理、时序、图等)的处理和分析进行了讨论。接下来的两章，我们主要讨论非结构化数据，如文本、图片、语音、视频等。非结构化数据是大数据中重要的组成部分，增长非常迅速，蕴含丰富的价值。本章集中介绍非结构化数据中的文本数据。首先简明地介绍一下文本数据的基本知识，然后讲解常用的文本数据处理算法，包括分词、关键词提取、知识图谱等。

8.1 文本数据概述

以字符串形式存在的数据统称为文本数据，典型的文本数据包括门户网站的新闻、社交网站的评论、电子图书馆的书籍等。文本数据处理属于自然语言处理的范畴。一般而言，自然语言具有如下三个特点。

(1)复杂性。以英语为例，英语中大约有二十多万个词汇，而很多词汇都具有多义性，句子的语法种类也非常多。相对于具有确定语义和语法的机器语言，自然语言很难直接进行汇编的工作。

(2)模糊性。语言基于交流者的既有共识，对一句话的理解要考虑上下文的语境，要考虑被省略的部分，甚至还有隐藏在表面含义下，需要思考才能得知的隐藏含义(如讽刺，或是用疑问表示请求)。

(3)多变性。人们的共识在不断地产生和变化，所以新的含义和使用方法随之不断产生。

这些特点使自然语言处理(Natural Language Processing，NLP)技术得到了广泛的关注。早期，该技术体现为基于语法规则的专家系统，该系统试图通过语言学知识对语句规则进行归总，从而使得计算机可以按照逻辑判断进行处理。随着统计学模型的引入，自然语言处理会根据一个词的前后词、词性和含义的不同，建立概率模型，进而计算出目标文本的高概率结果。如今，自然语言处理逐渐成为机器学习的重要领域之一，在分词、翻译、自动写作等工作场景中都有了市场级的应用。

8.2 文本向量化

在进行自然语言处理任务时，我们处理的数据都是文本内容，也就是说，是英语、汉语、法语这些符号组合而成的人类的抽象总结。这样的抽象符号人类能够理解，计算机是不能直接分析处理的。为了让计算机能够理解，需要抽象符号映射到数学空间，进而方便处理。文本向量化就是一种映射方法，即用向量来表达文本，以便机器学习算法进行处理。

8.2.1 词袋模型

词袋模型(bag of words)是最早的以词为基本处理单元的文本向量化方法，词袋模型通过先构建一个包含语料库中所有词的词典，然后根据词典完成对每个词的向量化，进而完成文本向量化。

举个例子，现在有如下两个文本：

(1) John likes to watch movies, Mary likes too.

(2) John also likes to watch football games.

我们构建一个词袋模型词典如表 8.1 所示。

表 8.1 一个词袋模型词典

1	2	3	4	5	6	7	8	9	10
John	likes	to	watch	movies	also	football	games	Mary	too

该词典本身是一个向量，进而用 0 和 1 元素指代词典中的某个词。以 watch 为例，watch 在词典中的位置是 4，那么用来表示 watch 的向量中，第四个位置是 1，其余都是 0，即：

$$watch = [0, 0, 0, 1, 0, 0, 0, 0, 0, 0]$$

这种表示方法称为 one-hot 向量表示。完成对所有词的向量化之后，就可以得出两个文本的向量化结果，每个文本的向量长度都是词典的大小，向量中的每个位置的元素代表词典中该位置的词在文本中出现的次数。以文本 1 为例，John 出现了 1 次，likes 出现了 2 次，football 出现了 0 次等，结果如下：

$$文本\ 1 = [1, 2, 1, 1, 1, 0, 0, 0, 1, 1]$$

词袋模型存在几个问题。首先是维度灾难。由于词典的维度等于语料库中包含的词汇数，假如文本的词汇量很大，维度就会成千上万，这样的数据是难以处理的。从词汇的角度来说，向量化后并没有保存它的语义，也就是相近的单词从其向量表达中是看不出来的。从文本的角度来说，向量化后并没有保存它的语序，也就是从向量表达中看不出单词间的顺序。

8.2.2 Word2Vec 模型

为了解决词袋模型维度大的问题，通过语言模型构建词向量的方式出现了。Word2Vec

模型中，主要有 Skip-Gram 和 CBOW 两种模型(见图 8.1)，从直观上理解，Skip-Gram 是给定 input word 来预测上下文。而 CBOW 是给定上下文，来预测 input word。本节仅讲解 Skip-Gram 模型。

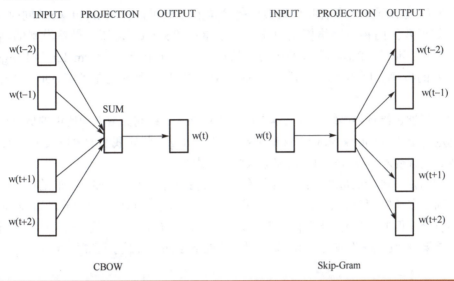

图 8.1　两种 Word2Vec 模型

Word2Vec 的整个建模过程实际上与自编码器(auto-encoder)的思想很相似，即先基于训练数据构建一个神经网络。当这个模型训练好以后，我们并不会用这个训练好的模型处理新的任务，而是要获得这个模型通过训练数据所得的参数，如隐层的权重矩阵。这个基于训练数据建模的过程，我们给它一个名字叫"Fake Task"，意味着建模并不是我们的最终目的。为了得到这些权重，我们首先要构建一个完整的神经网络用于进行"Fake Task"，后面再返回来看通过"Fake Task"我们如何间接地得到这些词向量。

接下来我们看看如何训练我们的神经网络。假如我们有一个句子"The dog barked at the mailman"。首先我们选句子中间的一个词作为我们的输入词，如我们选取"dog"作为 input word。有了 input word 以后，我们再定义一个叫作 skip_window 的参数，它代表着我们从当前 input word 的一侧(左边或右边)选取词的数量。如果我们设置 skip_window=2，那么我们最终获得窗口中的词(包括 input word 在内)就是['The', 'dog', 'barked', 'at']。skip_window=2 代表着选取 input word 左侧 2 个词和右侧 2 个词进入我们的窗口，所以整个窗口大小为 4。另一个参数叫 num_skips，它代表着我们从整个窗口中选取多少个不同的词作为我们的 output word，当 skip_window=2，num_skips=2 时，我们将会得到两组（input word, output word）形式的训练数据，即（'dog', 'barked'），（'dog', 'the'）。

神经网络基于这些训练数据将会输出一个概率分布，这个概率代表着词典中的每个词作为 output word 的可能性。我们用一个例子来说明。第二步中，我们在设置 skip_window

和 num_skips=2 的情况下获得了两组训练数据。假如我们先拿一组数据（'dog', 'barked'）来训练神经网络，那么模型通过学习这个训练样本，会告诉我们词汇表中每个单词是"barked"的概率大小。

模型的输出概率代表着我们词典中每个词有多大可能性跟 input word 同时出现。例如，如果我们向神经网络模型中输入一个单词"Soviet"，那么最终模型的输出概率中，像"Union""Russia"这种相关词的概率将远高于像"watermelon""kangaroo"非相关词的概率。因为"Union""Russia"在文本中更大可能在"Soviet"的窗口中出现。

我们将通过给神经网络输入文本中成对的单词来训练它完成上面所说的概率计算。我们选定句子"The quick brown fox jumps over lazy dog"，设定我们的窗口大小为 2，也就是说我们仅选输入词前后各两个和输入词进行组合。

我们的模型将会从每对单词出现的次数中习得统计结果。例如，我们的神经网络可能会得到更多类似（"Soviet""Union"）这样的训练样本对，而对于（"Soviet""Sasquatch"）这样的组合却很少。因此，当我们的模型完成训练后，给定一个单词"Soviet"作为输入，输出的结果中"Union"或者"Russia"要比"Sasquatch"被赋予更高的概率。

8.3 分　　词

分词是文本处理过程中一项基本的技术。通常来讲，分词就是将连续的字序列按照一定的规范重新组合成词序列的过程。我们知道，在英文的行文中，单词之间是以空格作为自然分界符的，而中文只是字、句和段能通过明显的分界符来简单划界，唯独词没有一个形式上的分界符。虽然英文也同样存在短语的划分问题，不过在词这一层上，中文比英文要复杂、困难得多。

中文的最小组成单元是字。一般而言，一个字不具有独立完整的表意能力。那些有明确分隔符的结构句，复杂性又过高。因此，中文自然语言处理的最基本环节之一是分词，即对汉字进行组合，将文本切分为带空格的、呈现由词组成的形式。随着深度学习的广泛应用，依靠算力和数据、以字为单元进行的自然语言处理技术已经出现。但是，对于关键概念提取、命名实体识别等任务来说，分词的高级处理需求依然必不可少。

同自然语言处理技术的发展过程一样，分词算法的发展也大致经历了三个阶段。第一个阶段的算法是基于词典匹配。这类算法的核心是构造词典，进而可以按照一个具体算法将文本切分。比如，通过逐字读取将词汇提取出来，得到一个由当前文字组成的最长词汇为止，然后进行切分，并重复此过程，不断进行词汇的提取。然而，该算法的缺陷非常明显。分词工作质量完全取决于词典的质量，而词典优化是一个不可控的环节。对于那些变化速度快的领域，维护词典的成本非常高。此外，这个流程也没有使用上下文所隐含的信息。

第二个阶段的算法主要基于统计模型。其基本思想是将词汇定义为稳定的字的组合，

第 8 章 文本数据分析

那么就可以对样本语料进行统计，计算出其中出现频率较高的字的组合。进行分词时，对目标文本进行一定算法下的概率计算，就得到了结果。这种算法适应领域能力强，缺点是无法区分常用的字组合与词组合，却可能划分出一些无意义的常用词连接，如"这一"等。

第三个阶段的算法是机器学习的方法。其中一种训练方法是基于字的标注。对于所有的字，根据其在词中的位置来贴上标签。比如，设计四种标签：B(代表该字是词首)，M(代表该字在词中)，E(代表该字是词尾)，S(代表该字独自成词)。按照这个标准，人工地对所有训练集进行标注，然后对词位特征进行学习，从而得到一个学习模型。之后，再利用该学习模型，对目标文本进行处理，得到全文每个字的词位标注，依此进行切割，得到分词结果。这个过程非常简单，无须对各类词进行分类处理。图 8.2 给出了一个中文分词的例子。

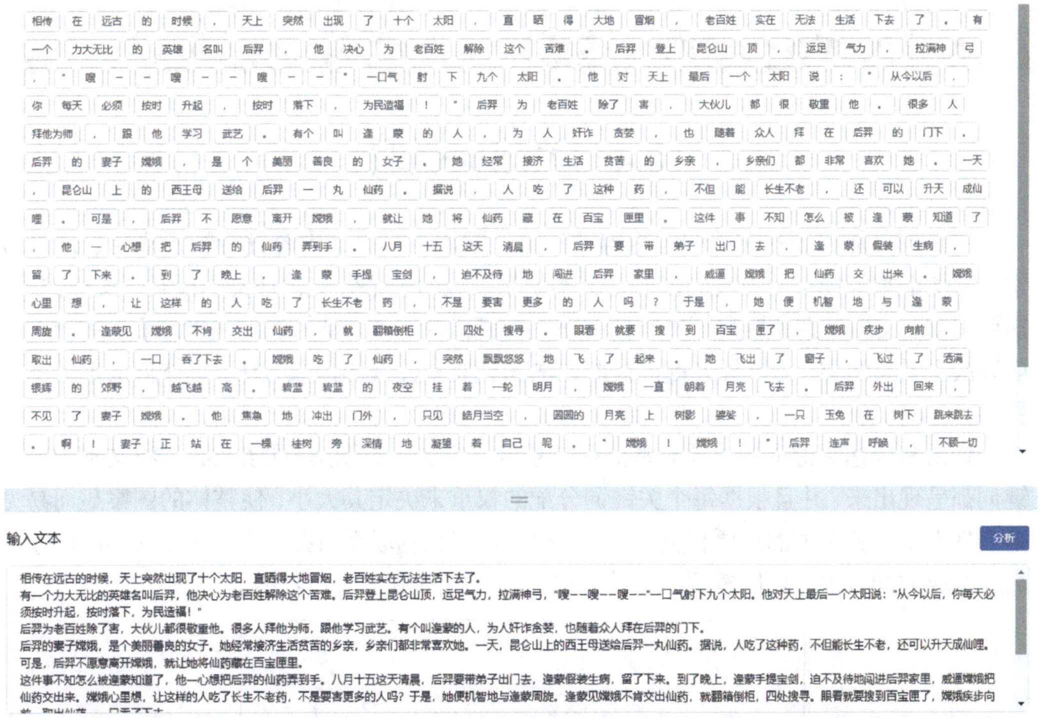

图 8.2　一段文本的分词

在分词的基础上，我们可以对词进行词性分析(见图 8.3)。词性是根据词的特点对词的类别进行划分，以便进一步对句子的结构进行分析，对含义进行理解。不过中文的词性划分并没有特别统一的标准。从构造来看，也没有词形的变化作为判别标准，很多常用词在句中的应用具有很大的灵活性。

词性分析的算法同样经历了类似分词算法的发展：最初的规则是先确定那些只有一种词性的词，再按照语法规则确定剩下的兼类词；之后的统计法是根据一个词前面的 N 个词来判断这个词的词性；如今的深度学习则是学习大量标注词性标签的语料数据。

119

图 8.3 一段文本的词性分析

8.4 关键词提取

关键词是能够表达文档中心内容的词语，常用在对论文内容进行特征概括、信息检索、系统汇集等场景。关键词提取是文本挖掘领域的一个分支，是文本检索、文档比较、摘要生成、文档分类和聚类等文本挖掘研究的基础性工作。从算法的角度来看，关键词提取算法主要有两类：无监督关键词提取方法和有监督关键词提取方法。具体算法细节不再赘述。

词云是表达关键词的一项非常流行的技术。它是一类图形（见图 8.4），将文本中的关键词都呈现出来，并且根据每个关键词分配的权重来决定其大小，使整体的图案显而易见地表现出不同关键词的重要程度。词云的权重可以根据联系直接赋予。比如在不同国家的名字组成的词云中，可以按照国家的人口数作为权重赋予国家名称。

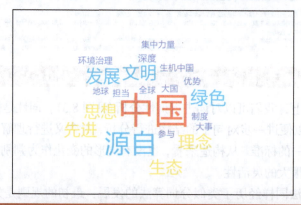

图 8.4 词云

对于文本数据，可以利用分词技术和计数算法自动地从文本中找出高频词汇，一般是以词汇出现的频率作为权重，生成词云图，从而对文本内容产生概览，方便对不同文本进行比较。同时，词云算法也用到了词性分析技术，以便从结果中删除一些无意义的常用助词，或者是按照名词、动词的词性划分来筛选结果。对上一节示例文本可以自动生成词云图如图 8.5 所示。

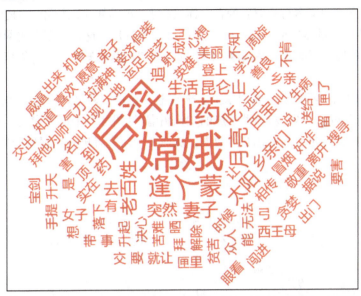

图 8.5　一段文本的自动词云

8.5　知识图谱

进行词性分类后，下一个常用的任务叫做专有名词识别，如图 8.6 所示，也就是找出文本内容中的那些人名、地名、机构名、事件名等。这些专有名词指向了现实世界中的一些特定实体，通过分析文本就可以建立文本中实体之间的关系网。在这项分析中，最常用的技术之一是知识图谱。

王晓明居住于北京，他是北京市第四中学的一名学生，品学兼优，经常成为学校表彰的对象，他还有一个大家庭，他的爸爸叫王磊，王磊目前也居住在北京，他是中央电视台的一名主持人，王晓明的爷爷叫王坤，王坤目前在上海，他是复旦大学的一名教授。王晓明还有一个姐姐，他的姐姐叫王晓林，王晓林就读于清华大学，她在加州交流，他的妈妈是马冬梅，马冬梅就职于中国人民银行，由于工作需要，她目前在深圳工作。10年后，王晓明决定创业，他向王晓林借了100万元，同时，王晓明找到了原来的朋友，他的朋友叫李坤。李坤非常愿意帮助，他借给了王晓明200万元，让王晓明可以快速的开始发展。而更巧的是，李坤的爸爸叫李林，李林是宏达公司的总裁，李林此时还在德国考察，听说了这件事，他立刻借给了王晓明500万，就这样，王晓明搬离了北京，他到了青岛开始创业，而他的妻子刘晓丽，就是在那个时候认识的，刘晓丽是青岛二中的一名老师，她居住于崂山区，她的奶奶叫张霞，张霞是李林的合作者，这样的巧合。王晓林毕业后，认识了赵辉，王晓林做梦也不会想到，赵辉会成为她的丈夫，后来他和王晓林一起去了新加坡，在新加坡，王晓林在新加坡国立大学当教授，赵辉在南洋理工大学当教授，生活充实。李坤的妈妈是田雯，田雯有一个叫胡彪的姨父，胡彪在澳门，他非常喜欢赌博，借了好多人的钱，胡彪欠了田雯5万，他还欠了李坤20万，同时李林还曾经借给他50万，但后来胡彪在一次赌博失败后，从此彻底失踪，再无踪迹，许多人报了案。何恺明是珠海市公安局的一名警察，他发誓一定要将胡彪缉拿归案，他发现，胡彪欠了张亮4万，他还欠了马恒5万。何恺明决定认真调查，抓到他。胡彪跑到了他的爸爸胡志涵那里，胡志涵为帮助儿子，将自己的积蓄全部拿了出来，同时，胡志涵有一个姐姐叫胡冬梅，胡冬梅借给胡彪100万元来偿还债务。胡冬梅是克里公司的总裁，她有两个女儿，她的女儿叫柳智美和柳智尼。柳智美居住在纽约，她也借给胡彪100万元。柳智尼居住在伦敦，她借给胡彪50万元。

图 8.6　一段文本的专有名词识别

由大量的实体、实体之间的关系，以及实体所拥有的属性所组成的网状结构知识库，称作知识图谱。比如就巴西著名足球运动员“罗纳尔多”这个实体来说，其属性可能包括其生日、身高、球衣号码等。而这个实体与其他实体产生的关系可能有"国籍是""巴西""效力于""皇家马德里足球俱乐部"和"巴西国家足球队"等。

在此之前，计算机中所存储的知识库是供人查看的：一个标题、一篇正文，或者是一个名字、一段描述。计算机并不能理解这样的语义。知识图谱的设计就是为了使计算机能够把字符串形式的文本与其背后的含义连接起来。正因如此，当我们在搜索引擎中输入"美国总统是谁？"的本文时，Google 返回的内容不只是与这句话匹配的网页文本，还会直接给出一个引向"唐纳德·特朗普"的链接。靠着网状的知识库，计算机"明白"了你在说什么。

知识图谱的用途不止在搜索引擎上。事实上，它是一种很好用的、基础的、可以识别对象如专有名词的工具。从自动生成的知识图谱(见图 8.7)中可以看到，它能将大量非结构化的文本数据转化为结构化的图数据，从而便于研究者进一步建模处理。

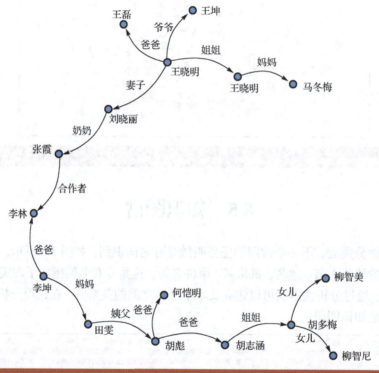

图 8.7　一段文本的知识图谱生成

8.6　其他文本处理技术简介

文本处理的另外一种常见任务是提炼文本的核心内容，缩减文本量，使得用户可以更高效地理解较大规模的文本，节省阅读时间。完成这一任务的算法被称作自动文摘。

自动文摘的算法步骤可以大致分为权重计算、内容选择和语句组织三部分。首先，可以根据关键词，或是根据文本的网络结构，对文章中的句子进行打分来衡量其信息含量及重要程度。接下来，可根据已经选择的句子涵盖的信息调整其余句子的权重，利用优化算法减少冗余。最后，使用基于语法规则的语句压缩技术来缩短摘要的篇幅。上述这个过程被称作抽取式的摘要生成（见图 8.8）。

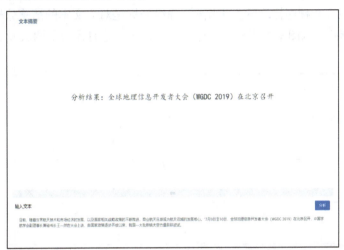

图 8.8　一段文本的摘要生成

另一个常见的文本处理任务是情感分析（见图 8.9），即分析文本内容中所蕴含的情感，以了解社交网络中用户之间的关系、用户对时事舆论的普遍感情态度等。情感分析系统中的基础要素常有实体、属性、情感、情感主体、时间等，即描述出哪个情感主体何时对哪个实体的什么属性产生了什么样的情感。有些情感分析系统只分为积极和消极两种情感，有些分为快乐、悲伤、愤怒多类。情感分析技术目前可以对显性的情感描述词汇进行捕捉，然而对文本内容中隐形情感表达的处理还在探索阶段。

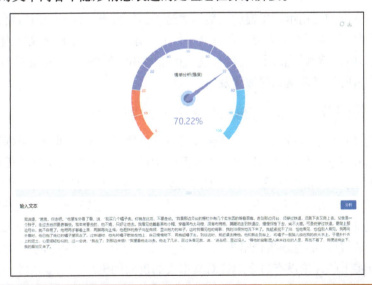

图 8.9　一段文本的情感分析

在自动文摘和情感分析技术基础上,我们可以进一步构建另一种对文章情节发展的可视化表达技术——故事流。故事流的基本原理是通过对故事文本进行切割,对文本的每一部分进行摘取和情感分析,从而得到一个故事起伏发展的曲线(见图 8.10)。图 8.10 中的横坐标是按照行文顺序提取的文本摘要,而纵坐标是对应文本的情感分析数值,数值越高,情绪强度越高。从图中可以看出,这个小故事在讲述时经历了两次波动,最终达到高潮。

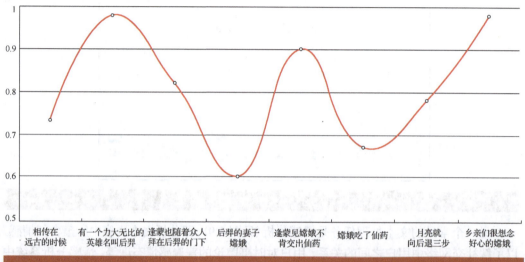

图 8.10 一段文本的故事流

8.7 文本分析应用示例

我们在前几章的应用示例中提到了美国大选和新冠疫情。2020 年这两件关乎美国民众切身利益的大事同时发生。在互联网社交平台上,有关这两个话题的文本内容异常丰富。接下来,我们以特朗普和拜登两位总统候选人的推特相关数据为例,来简单看一下在 2020 年,竞选和疫情两件事情是如何被涉及的。

8.7.1 特朗普和拜登社交媒体回复——舆情分析

首先我们来看一下推特用户在特朗普和拜登的推特下评论的词云。数据筛选[①]了两个人账号下的部分回帖。我们试图从评论中找到舆情对双方竞选阵营策略的反应。

在特朗普的推特回帖中(见图 8.11),舆情更多是与他本人的特征有关,如特朗普的推特名 realDonaldTrump,他的总统身份和一些对他的负面评价,诸如 crazy(疯狂)和 lies(撒谎)。

再看拜登推特下的评论词云(见图 8.12)。拜登的词云涉及的其他人物的比重要明显高于特朗普。比如,拜登的竞选搭档哈里斯、拜登的儿子亨特等,都占据了非常显眼的篇幅。另外,拜登推特下的评论没有过多地针对其本人的负面评价。

---

① 数据来自 https://github.com/jijopjames/US-election-2020-sentiment-analysis.

第 8 章 文本数据分析

图 8.11 特朗普推特下的评论词云

从评论对对方阵营的关注度来看，在特朗普的推特留言中，他对对手拜登的评论占有一定比重。与特朗普推特下的评论回复不同的是，给拜登留言的人提及特朗普的次数比重非常少，几乎观察不到。

图 8.12 拜登推特下的评论词云

至少从推特的回复上，我们对各方回复者在各自推特上更关心的问题有了初步了解。特朗普推特留言者的注意力更集中在他本身，并没有把他和他的副总统彭斯看成一个整体。而拜登方面，他的回复者很关心他和他的竞选搭档的情况。

8.7.2 特朗普和拜登在社交媒体上的宣传策略

接下来，我们通过分析双方的推特主要内容找出双方主要的竞选策略。数据为二人各自在 2020 年的推特账号发布的帖子，并做了筛选①。

首先是特朗普的推特内容（见图 8.13）。特朗普的竞选口号占据了推特帖子的很大篇幅（Make American Great Again, MAGA）。除此以外，新冠肺炎、假新闻、中国、民主党是特朗普在这段时间以来最为集中的宣传方向。其中，"假新闻"和"民主党"都是特朗普攻击竞选对手的主要方向。"假新闻"包括了《纽约时报》，CNN 为主的美国左派

---

① 数据来自 https://github.com/gomachinelearning/Blogs.

倾向的媒体，这些媒体在攻击特朗普政府及宣传左派思想上占据了主流。尤其是在新冠病毒肺炎疫情期间的每日简报会上，这类媒体对特朗普政府防疫措施有着强烈的质疑。因此，特朗普团队的推特主要策略以宣传"美国再次伟大"和攻击对方派系的新闻媒介报道不真实为主。

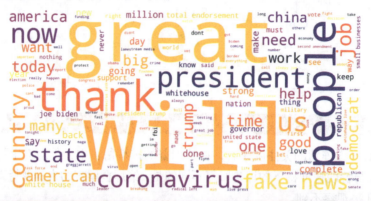

图 8.13　特朗普推特的内容词云

我们再来看一下拜登推特的主要内容（见图 8.14）。有趣的是，拜登的主要词条与在任总统特朗普有关。此外，拜登强调了民主党党内初选、医保（奥巴马医保）、枪支管控、气候变化、中产阶级等一系列紧贴其竞选政治主张的多方面内容。

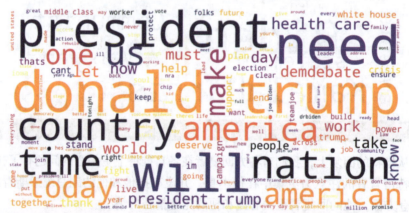

图 8.14　拜登推特的内容词云

通过对比，我们发现，拜登的推特内容更像是经过精心挑选而发布的内容。他和他的团队直接花更大的力气去评论现任总统，并且通过宣传自己的政治主张来最大限度地吸引目标选民。比如，枪支管控和气候变化都是特朗普政府不去强调治理的方面，却是拜登竞选团队着重强调的政策主张。医保（奥巴马医保）不但是拜登担任副总统时的政绩，更是他希望上台后重新推进的重要政治主张。

从这两张词云图，我们不难看出拜登团队想吸引的目标选民的特征：特朗普团队的反对者，注重气候变化影响、反对枪支滥用的中产阶级。

8.7.3 小结

从以上分析来看，特朗普的推特没有在新冠病毒肺炎疫情发生期间有效地向公众传达如何管控疫情的政策的内容(如日常佩戴口罩、居家隔离等关键词)，也没有针对对方阵营的政治主张进行相应的回应和反击。而拜登团队更好地利用社交媒体提出有针对性的政治政策主张，这可能会帮助他吸引更多的摇摆选民。

当然，这些都只是从推特上的词云进行的简要分析，想要对美国大选的结果进行全面复盘，甚至对下一次选举进行准确预测，我们不但需要更高级的大数据分析工具，还需要结合所有可用工具进行全面的考量。

第 9 章
多媒体数据分析

多媒体数据包含了多种信息，具有丰富的表现形式，包括图片、照片、声音、动画、影片及程序的交互功能等。本章将介绍三类多媒体数据——图像、音频和视频，并简要讲解相关的处理技术及可视化应用。

9.1 数字图像处理

图像的形成要从光的性质谈起。光具有不同的波长，不同波长的光与不同的物体发生反射、折射、吸收，形成了复杂的光路。物体对光的反射、折射等，会蕴含大量的信息。为了收集这种观察范围广、传播速度快的信息，可以拿一个密闭的盒子，在其一侧开个小孔，将小孔朝向要观察的区域，这个方向上的光线就会穿过这个小孔投射在盒子另一侧的内壁上，成为一副图像。人的眼睛中存在光感受器细胞，能够把光线吸收传递给大脑，从而看到图像。

不同动物拥有不同的光感受器细胞，所以处理相同光线的结果并不同。对于人类来说，用于感受颜色的视锥细胞有三种，分别为吸收波长较短的蓝色光、波长中等的绿色光和波长较长的红色光。正因如此，使用这三种颜色组合就能模拟人可以看到的一切颜色。

把这种将红(Red)、绿(Green)、蓝(Blue)三原色的色光以不同的比例相加，以合成产生各种色彩光的模式叫做三原色光模式(RGB color model)，又称 RGB 颜色模型或红绿蓝颜色模型，是一种加色模型。

三原色光模式广泛使用在了电视与显示器等电子成像设备中，也就是说，使用红绿蓝三色的子像素构成一个像素，共同表达一个点的颜色(见图 9.1)，1920×1080 分辨率的屏幕共有 200 万个像素，这些不同颜色的像素整体呈现出了我们所看到的图像。

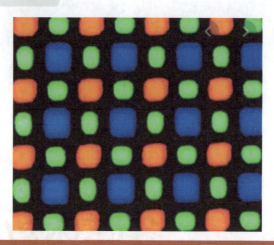

图 9.1 放大后的手机屏幕

所以从数据的角度来看，计算机以矩阵的形式来储存图像。矩阵的大小正是图像的像素大小，矩阵的每一个值都是一个 RGB 数组（见图 9.2），也可以看作是 R、G、B 三个矩阵。数字图像的处理就是对这三个矩阵进行计算处理。

图 9.2 一个咖啡色像素的 RGB 值

9.1.1 亮度调整

RGB 色彩空间是一个三维的笛卡尔坐标系结构。在这个空间中，红色的坐标是(255, 0, 0)，绿色的坐标是(0, 255, 0)，蓝色的坐标是(0, 0, 255)。用坐标的形式去表现色彩，对图像在显示器上的呈现是很好处理的。但问题在于人很难直观理解一个 RGB 三维坐标(56, 8, 177)代表的是什么颜色。因此，我们需要一个更易于理解的色彩模型。

一个解决方案是，把颜色映射到圆锥体中（见图 9.3），用色相（Hue）作为颜色的基本属性，即红色、黄色、蓝色等，并用角度表示。色相决定了颜色是在圆锥截面圆环的哪一点上。用饱和度（Saturation）表示颜色的纯度，以百分比计，越高越纯，也就是在圆锥横截面上，颜色距离圆心的距离。用明度（Value）表示颜色的明暗程度，以百分比计，越低越暗，而且颜色的坐标越接近圆锥的尖端。这就是 HSV 色彩空间。

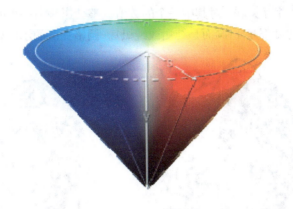

图 9.3　HSV 圆锥体色彩空间

HSV 使得观察者通过颜色的坐标，联系到此颜色在色彩空间的位置，从而对颜色认知更加直观。而计算机只需要进行非线性变换就可以将 HSV 的坐标转换成 RGB 的坐标。一些常见颜色的 HSV 与 RGB 坐标转换如图 9.4 所示。

名称	颜色	色光			色相		
		R	G	B	角度	饱和	明度
红色		255	0	0	0°	100%	100%
黄色		255	255	0	60°	100%	100%
绿色		0	255	0	120°	100%	100%
青色		0	255	255	180°	100%	100%
蓝色		0	0	255	240°	100%	100%
品红色		255	0	255	300°	100%	100%
栗色		128	0	0	0°	100%	50%
橄榄色		128	128	0	60°	100%	50%
深绿色		0	128	0	120°	100%	50%
蓝绿色		0	128	128	180°	100%	50%
深蓝色		0	0	128	240°	100%	50%
紫色		128	0	128	300°	100%	50%
白色		255	255	255	0°	0%	100%
银色		192	192	192	0°	0%	75%
灰色		128	128	128	0°	0%	50%
黑色		0	0	0	0°	0%	0%

图 9.4　RGB 坐标与 HSV 坐标的相互转换示意表[2]

在显示设置中的另一个常见指标是对比度，即画面中亮部与暗部之间的明暗程度的差异程度。对画面的整体亮度或者对比度进行调整，其实就是对每个像素的颜色坐标进行

---

① 图片来自 https://zh.wikipedia.org/wiki/HSL%E5%92%8CHSV%E8%89%B2%E5%BD%A9%E7%A9%BA%E9%97%B4.
② 图片来自 https://zh.wikipedia.org/wiki/HSL%E5%92%8CHSV%E8%89%B2%E5%BD%A9%E7%A9%BA%E9%97%B4.

变换。亮度和对比度相互关联,对其中一个的数值调整会影响另一个的数值。当亮度调到最高或最低时,对比度都是1(画面是纯白或纯黑)。调整亮度的示例如图9.5所示。

图9.5　亮度调整

9.1.2　直方图均衡化

在曝光不足或者曝光太强的照片中,图像的对比度非常低,有用的信息之间亮度过于接近,因此图像的可辨认程度很差(见图9.6)。解决这个问题就需要采用一个增大图像对比度的算法。

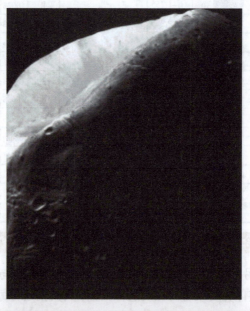

图9.6　曝光不足的照片,亮部太亮暗部太暗

所谓直方图均衡化,就是把图像的全部像素灰度值用直方图来统计。这些对比度很低的图像呈现在灰度直方图上的结果就是其分布非常集中(见图 9.7 左部)。直方图均衡化就是先计算这个直方图的累积分布函数,并将其进行线性化,这样就可以转化成一个平均的分布函数(见图 9.7 右部)。

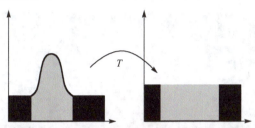

图 9.7　直方图均衡化示意图①

此时再按照新的概率分布函数对原先的图像灰度值做映射,就放大了不同像素之间的灰度差异。对上面的图 9.6 进行直方图均衡化,便可以对曝光不足的图片进行较好的调整,其结果如图 9.8 所示。

图 9.8　直方图对曝光不足图片的均衡化结果

可以看出,画面左下方的暗部细节被明显地呈现了出来。不过与此同时,本来应该空无一物的左上角产生了明显的噪声,这是因为在处理时没有针对性地对数据进行选择,使得背景中存在的噪声也被放大了。

9.1.3　高斯平滑

数字图像在成像和转码的过程中,有时会出现噪点。比如,某个像素原本是咖啡色,其 RGB 值是 (174,123,80),但在传输的时候丢失了值,就变成 (0,0,0) 的黑色了。那么此时

---

① 图片来自 https://zh.wikipedia.org/wiki/%E7%9B%B4%E6%96%B9%E5%9B%BE%E5%9D%87%E8%A1%A1%E5%8C%96。

在图像中,如果其所在的区域为一整片咖啡色,就会突兀地出现一个黑色的点。如果把数字图像看作是二维的波,那么设备的电气特性、转码压缩的计算等因素可能会生成一些并不属于原本图像的波,也就是噪声,图像的质量就会受到影响(见图9.9)。这类图像噪声也被认为是图形的异常值。为了去除这类异常值,可以使用高斯平滑的方法。

图9.9 含有噪声的图像

使用高斯平滑降噪的基本过程如下。图像中的像素是一个很小的单位,所以一个像素的颜色往往与相邻的像素是相近的。我们使用一个像素附近区域的全部像素的均值来代替这个噪音像素原本的值,就可以将那些异常的值平滑,从而达到视觉上"去掉"的目的。当然,位置越临近的像素其数值也越互相接近,应该被赋予更多的权重。因此,使用高斯分布作为权值函数,可以以图像的目标像素点(噪音点)为中心,做一个正太分布的曲面,取这个曲面中高于3倍标准差的像素,以其高度为权重进行求和,并将最后的结果填入目标像素中。

对图9.9进行高斯平滑得到的结果如图9.10所示,可以看出,原先的噪点已经消失,不过图片的清晰度受到了影响。这是因为高斯平滑不加分辨地处理了每一个像素,使得图像中相邻像素都变得平滑,也就使得原先图像中锐利的曲线都变得模糊,所以高斯平滑也可以作为一种模糊技术,用来降低图片中的细节层次,或是隐藏图像中的特征信息。

图9.10 高斯平滑处理结果

9.1.4 边缘检测

从前两节的讨论我们可以发现,想高效合理地对图像进行处理,必须让计算机理解图像的含义,即知道图像中什么地方是重要的,什么地方是不重要的,什么地方需要处理而什么地方不需要。边缘检测,作为计算机视觉的常见问题,意在让计算机自动识别图像中物体和颜色的边缘。有了边缘检测的支持,再进行平滑处理时,就可以分区域来进行。这样,在去除图片噪声的同时,也可以保留图像中的锐利度。边缘检测的示例如图 9.11 所示。

图 9.11 边缘检测示例

类似的基本问题还有角点检测(见图 9.12)和圆检测(见图 9.13)。

图 9.12 角点检测示例　　　　图 9.13 圆检测示例

9.2 数字音频处理

声音是物体振动形成的波。为了记录声波,我们可以使用录音设备,将声波转换为连续的电信号。这样的电信号也是一种波,所以被称为模拟信号。模拟信号最大的缺陷在于其可复制性差,在模拟信号产生、传输、存储和复原的整个过程中,各种干扰都会改变信号,使得信息失真。

相对于模拟信号,数字信号具有很强的抗干扰性,从而避免失真。在电信号产生之后,通过对其进行采样转换,可以把连续的波形变为离散的数字(见图 9.14),继而储存在电子、磁力或是光学介质中。这样虽然主动损失了一定的信息,但是保证了信号传输和复制过程中的稳定,极大地降低了生产和传播的成本。

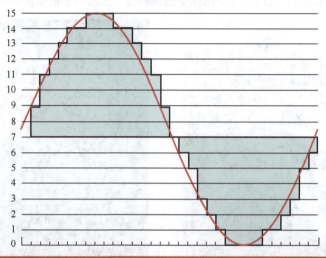

图 9.14 模拟-数字信号的转化

离散的数字信号仍然可以被作为波处理,通过滤波等方式来对数字音频进行消噪、变声加密等处理。数字音频处理中的一个主要发展领域就是语音识别。当用自然语言处理技术去进行语音识别时,人们可以批量理解音频中包含的信息,并提供智能化的服务,如语音转文字。语音识别的示例如图 9.15 所示。

图 9.15 语音识别示例

---

① 图片来自 https://zh.wikipedia.org/wiki/%E8%84%88%E8%A1%9D%E7%B7%A8%E7%A2%BC%E8%AA%BF%E8%AE%8A。

9.3　数字视频处理

视频是对连续画面的采样。比如，我们以每秒 24 张的速度对一只飞行的鸟拍照，并将画面记录在胶片上，再以相同的速度播放。由于人眼和人脑的动态识别工作方式，就会将快速连续播放的静止画面看作动态画面，认为面前是一只鸟在飞。但若将很多毫无关系的图片以每秒 24 张的速度进行播放，人就不会认为这是连续的画面。

数字视频，简单来说就是将连续的图像与音频储存在一起，并使得它们可以匹配进行同步播放。实际上，数字视频技术要远比这复杂。MPEG 制定的第四套音频、视频信息的压缩编码一共有 27 个部分，分别定义了视频解码、音频解码、字母、传输、产权等各个方面的标准，其中 14 部分定义了一个视频文档格式，即 MP4。

对视频数据的可视化处理，目的在于快速传递给用户提取的视频核心信息。常见的方法有以下几种：

(1) 视频预览。各类在线视频网站需要提供预览给用户，包括其他用户观看视频的热度进度条，进入观看界面前的高能片段播放以及进入观看后进度条节点预览等。

(2) 视频语义。需要对视频文件进行即时加工以提升用户理解的功能，包括体育竞技视频中对关键的距离速度等数据信息进行捕捉和呈现，以及监控大屏的模式识别和信息汇总等。

(3) 视频嵌入。将视频文件的颜色、光暗等基础信息直接进行抽离，作为时序数据进行可视化呈现。

9.4　多媒体分析应用示例

在现实生活中，多媒体数据已经在很多场景得到了应用。其中，根据灯光数据定义城市化进程就是这一应用的代表。

从统计学的意义上讲，城市化是由城市人口占总人口的比例估算的。这就涉及统计口径的问题。首先，什么样的地方可以算作城市，这是个空间地理和经济发展相结合的概念。在空间地理上，我们需要观测到这片区域有相应的建筑物。比如，大范围的农田不能被定义为城市，是显而易见的。原因是在这片空间地理上的区域进行的经济生产活动是农业活动而不是城镇的经济生产活动。其次，什么类型的居民可以算作城市人口。尤其对我们这样一个处在城市化进程中的国家而言，就变得非常难以定义。

近年来，国家统计局完善了城市化的定义口径。然而中国经济发展速度飞快，对空间地理区域的定义的过程又相对较慢，落实到每个地方统计单位的过程和相关人员培训也需要时间。为了快速反映城市化进程，又不错误估计城镇化的数字，我们可以转化思路，用另一套工具手段去估算城镇化的程度。运用夜间灯光数据去查看中国的城市化进程这一应用就被广大学者和研究机构快速应用起来。卫星灯光的图片，经过算法降噪和数字化转换等算法后，可以转换为亮点数据。如图 9.16 所示。这样图像的数据，就可以更简单地被处理和运用。

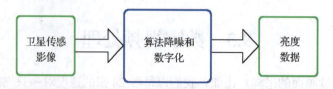

图 9.16　卫星灯光图片到亮度数据流程示意图

目前，网络上已经有免费的夜间灯光数据可供读者下载，比如谷歌夜间灯光数据。当我们下载好相应的夜间灯光数据后，就会得到不同时段上夜间灯光的情况图片。

根据中科院资源环境科学与数据中心的介绍我们可以知道，夜间灯光数据可以对城镇的发展起到监测作用。比如，因为灯光强弱与社会经济因子间存在正相关关系，所以我们可以利用这种定量关系开展社会经济因子估计研究。我们既可以利用夜间灯光强度影像构建综合灯光指数来反映城市化水平的定量分析和变化展示，又可以根据灯光与人口分布之间的线性关系估算人口详细分布。这无疑是一种准确直接又节约省时的城镇化分析手段。

当然，算法会在这里起到决定性作用。要想得到中国城镇化发展的具体蓝图，还需要读者们自行挖掘和探索相关的科研问题和解决工具。

第 10 章
综合应用示例：中国社会发展调研

改革开放四十年间，中国经济发展取得了令人叹为观止的成就。本章通过对中国国家统计局国家数据网的统计指标数据的分析，结合本书描述的数据分析的方法，从经济、科技、教育等九个方面分析出我国近些年的社会发展情况，为客观、真实的了解我国社会状态提供一定的依据。

10.1 经济总体指标分析

从国民经济的总体指标（见图 10.1）来看，自改革开放以来，我国 GDP 近些年保持连续增长态势，经济总量大幅提高。如今，我国经济总量稳居全球第二，GDP 增速多年均保持世界领先水平。

图 10.2 描述了不同行业 GDP 的增长情况。其中，工业为支柱产业，其他各类产业的增长趋势较为均衡。新型产业（互联网、旅游、文艺娱乐等）发展迅猛。

图 10.3 刻画了国家财政的收入支出情况。全国财政收支和 GDP 呈同步增长，其中财政预算支出增速提高，各级政府加大了对各项类别的财政投入，实现了国家经济建设的统筹兼顾。

从图 10.4 的分省 GDP 增长图可以看出，沿海省份经济发展的带动作用明显，各省份的 GDP 随时间均有显著增长。

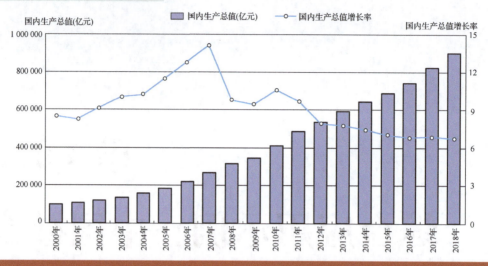

图 10.1　中国 GDP 增长

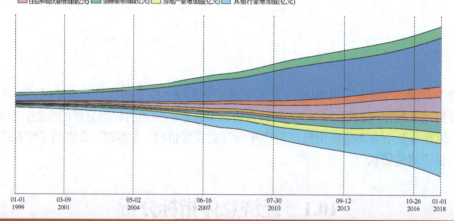

图 10.2　分行业 GDP 增长

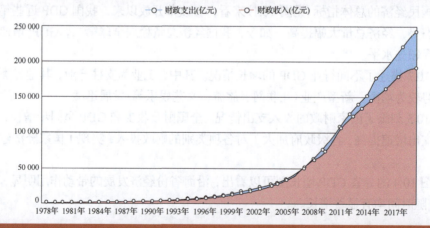

图 10.3　国家财政收支

第10章 综合应用示例：中国社会发展调研

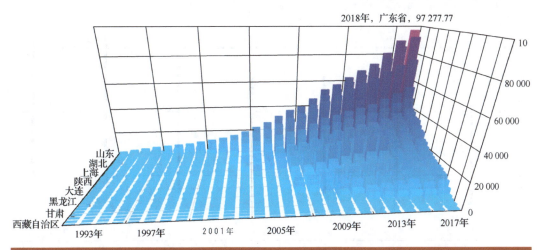

图 10.4　分省 GDP 增长

人口是影响经济总体指标的重要因素。从图 10.5 可以看出，人口总量由高速增长转为平稳增长，人口结构呈现老龄化趋势，生育率降低。由于劳动适龄人口基数大，因此人口红利依然发挥重要作用。

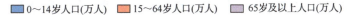

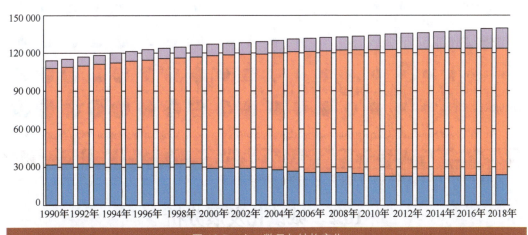

图 10.5　人口数量与结构变化

图 10.6 给出了人均可支配收入的提升图，其中位于上部的数据是上海，下部的数据是甘肃。可以看出，上海人均可支配收入从 2013 年的 42 173.64 元增长到 2019 年的 69 441.56 元，而甘肃的人均可支配收入从 2013 年的 10 954.40 元增长到 2019 年的 19 139.02 元。

图 10.7 给出了国家税收分布。该图显示，税收总额持续增加，其中企业所得税和国内增值税所占比重越来越大，商业发展良好。

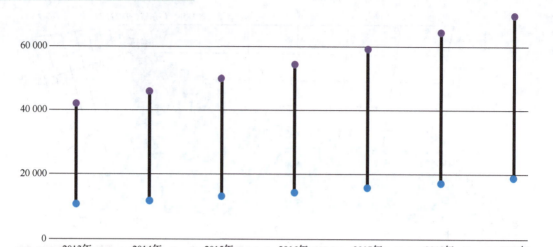

图 10.6　人均可支配收入提升

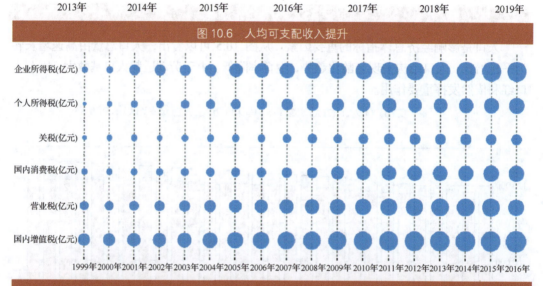

图 10.7　国家税收项目分布

注：2016 年的营业税数据是前四个月的，所以较前一年减少了。

10.2　城镇化发展分析

社会现代化发展的标志之一是城镇化，城市是国家发展的重要窗口。我们根据已有数据，比较了 36 座城市的 GDP、货物进出口总额、年末总人口、在岗职工平均工资、住宅商品房销售面积、住宅商品房平均售价和普通本专科学生数这七组数据。图 10.8 给出了上述数据的可视化描述。

图 10.9 进一步对上述指标进行相关性分析。可以看出，货物进出口总额、城市总人口和 GDP 紧密相关，而商品房销售面积、售价和 GDP 也存在一定的联系。

高速城镇化离不开城镇人口增长的支持，从图 10.10 可以看出，城镇人口预计可以在几年内达到 9 亿，为新型城镇化建设奠定实现基础。

第 10 章 综合应用示例：中国社会发展调研

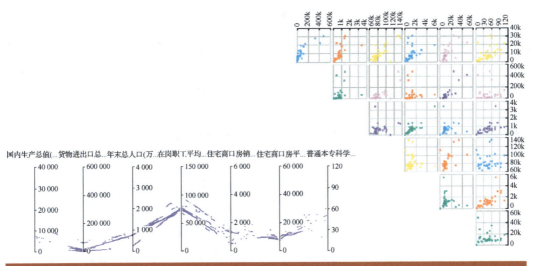

图 10.8 主要城市指标观察

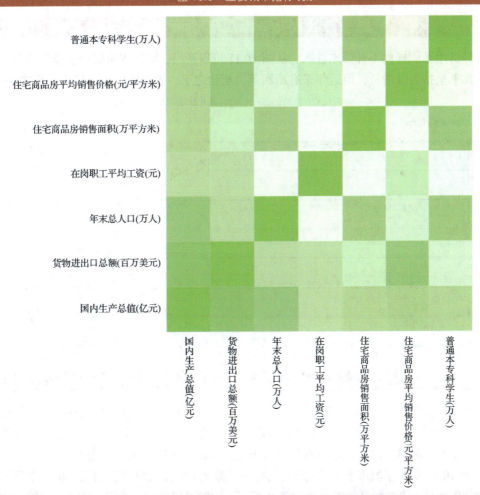

图 10.9 主要城市指标相关性分析

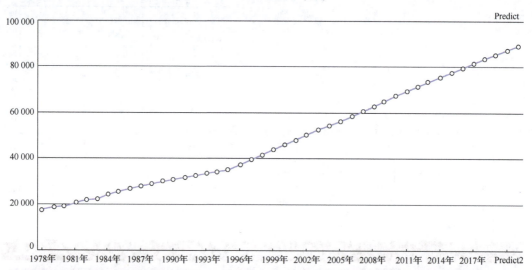

图 10.10　城镇人口增长预测

经济增长同样离不开资本注入，从图 10.11 可以看出，城镇固定资产总量自改革开放以来几乎呈指数级增长，但近年来有所回落。相比之下，农村固定资产投资少而零碎。

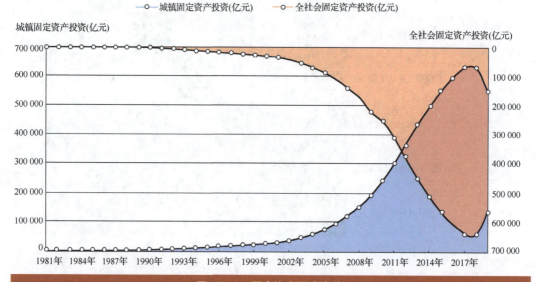

图 10.11　固定资产投资变化

使用重要城市的 GDP、总人口、平均工资、高校学生数等较有代表性指标对其进行层次聚类分析（见图 10.12），根据聚类结果将这些城市分为三大类。城市层级分配有待提高：中小城市数目过度，大城市数目相对不足，有形成大的城市圈的潜力。

图 10.13 给出了城市未来发展潜力的排序。深北上广四大城市仍占据中国城市发展的绝对领先地位，第二梯队的城市发展潜力相似。同时可以看出，沿海、省会、直辖市城市的发展地位依然占据主导地位。

第 10 章 综合应用示例：中国社会发展调研

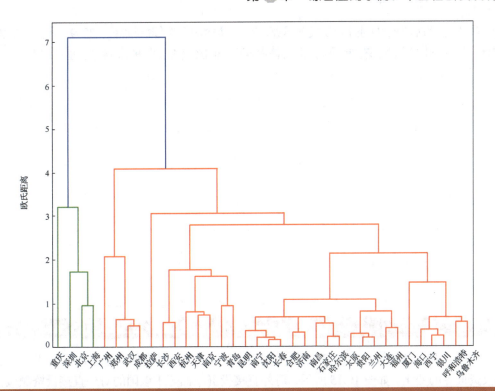

图 10.12 城市聚类分析

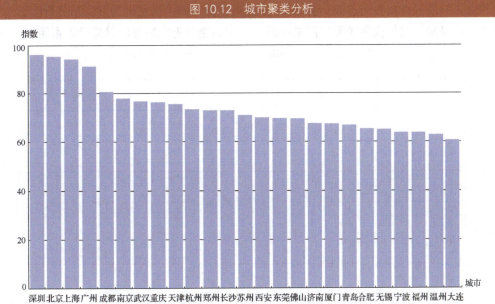

图 10.13 城市发展潜力排名

10.3 国际影响力分析

我国在全球经济发展中具有举足轻重的地位。图 10.14 描述了对外贸易总额的变化，我们能够看出，入世后中国的对外贸易发展迅速，同全球经济形势关联性加强。2009年受金融危机影响，中国进出口总额都有所下降，但总体而言，中国经济在世界的影响力在逐年加大。

图10.14　中国对外贸易增长

从引资和向外投资总额的变化我们可以看出，中国与世界的关系经历了从引入外资到投资世界的变化。如图10.15所示，对外直接投资净额等于该国的对外直接投资额减去该国引进的外国直接投资总额。从2017年遭遇投资寒潮，虽然因为国际形势严峻影响了过去4年以来的对外投资净额，但总体而言，中国企业走向世界的趋势已不可阻挡。

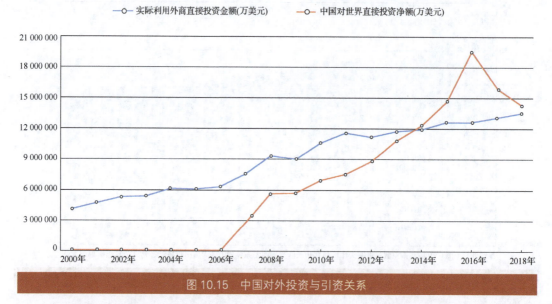

图10.15　中国对外投资与引资关系

从贸易的具体内容来看（见图10.16），中国的对外经济并不只是传统意义上的轻工业的"中国制造"，在第二产业的产品上，我国的对外贸易份额也逐年在提高，并占据了出口的很高比例。

第 10 章 综合应用示例：中国社会发展调研

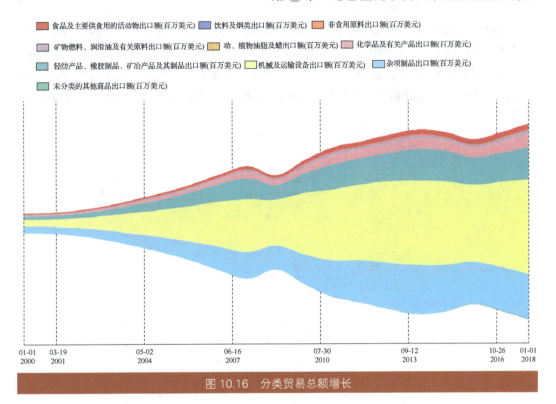

图 10.16 分类贸易总额增长

10.4 科技发展分析

经济增长离不开科技发展的支撑。从图 10.17 可以看出，研发投入经费逐年增加，产生的效果显著，专利数量也随之增多，科技的投入已呈现出较为明显的回报。

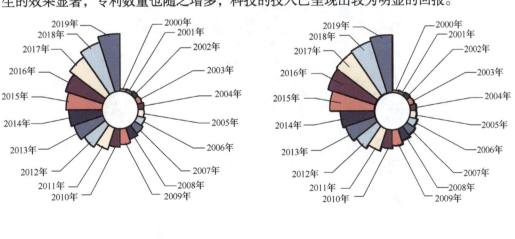

图 10.17 研发支出与发明专利数关系

中国的总体科技水平正在逐步赶上其他发达国家,并在某些领域处于领先地位。如图 10.18 的专利申请地图所示,专利申请遍布了世界主要发达国家和地区,以及各个大洲的主要国家。同时,大量的论文也在不停地被发表,图 10.19 给出了发表论文的领域分布。以上成就均说明,我国的科研产出、国际知识产权保护能力得到了显著提升,同时也增强了经济软实力的输出。

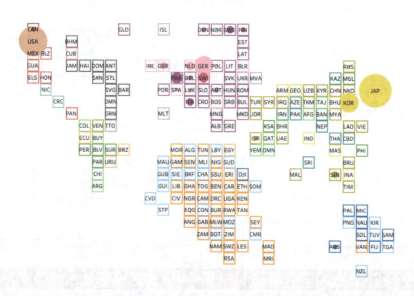

图 10.18　专利申请地图

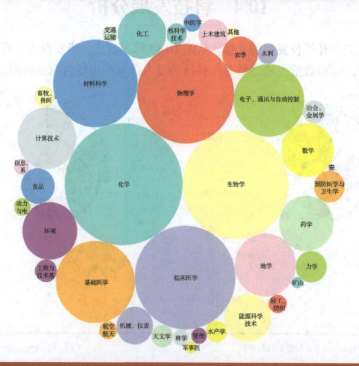

图 10.19　论文发表领域分布

10.5　教育发展分析

国家科技发展的基础是教育的普及和推进。如图 10.20 所示，初等教育的普及，促进了高级人才的培养。高层次人才和专科专项人才教育模式多样化发展，全面开花。

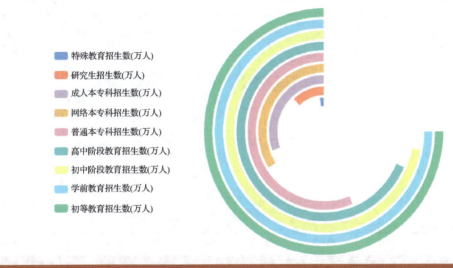

图 10.20　各级教育受众比例

从图 10.21 则可以看出各级教育之间的升学比例在不断提高。初等教育在九年义务教育制度下落实完善，九年义务教育成果显著，高中升学率接近 100%。

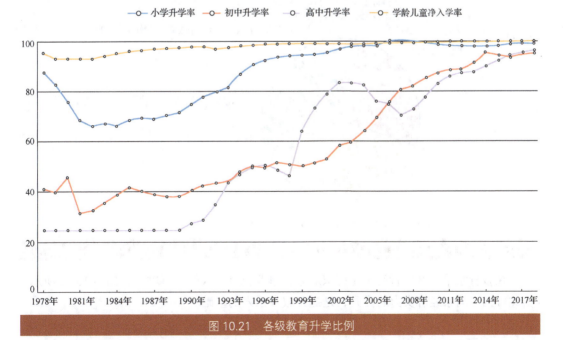

图 10.21　各级教育升学比例

大数据分析：从理论到实践

如图 10.22 所示，随着教育水平的不断提升，出国留学人员数目逐年增多，同时留学生归国率也在增多。这一现象说明我国经济实力和综合实力的增强，更加吸引学子们归国发展。

图 10.22 留学生数量变化

整体来看，全国人口的受教育水平不断提高。如图 10.23 和图 10.24 所示，人口受教育程度分布在 20 年间有了很大变化。

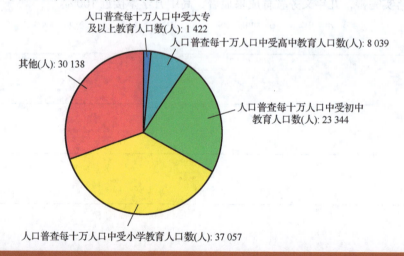

图 10.23 1990 年人口受教育程度分布

在教育水平提升的背后，是国家对教育事业资金投入的一再增长，如图 10.25 所示。由此可见，国家经济实力的提升，是提升教育投入的基础。

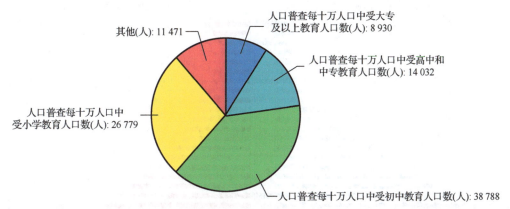

图 10.24　2010 年人口受教育程度分布

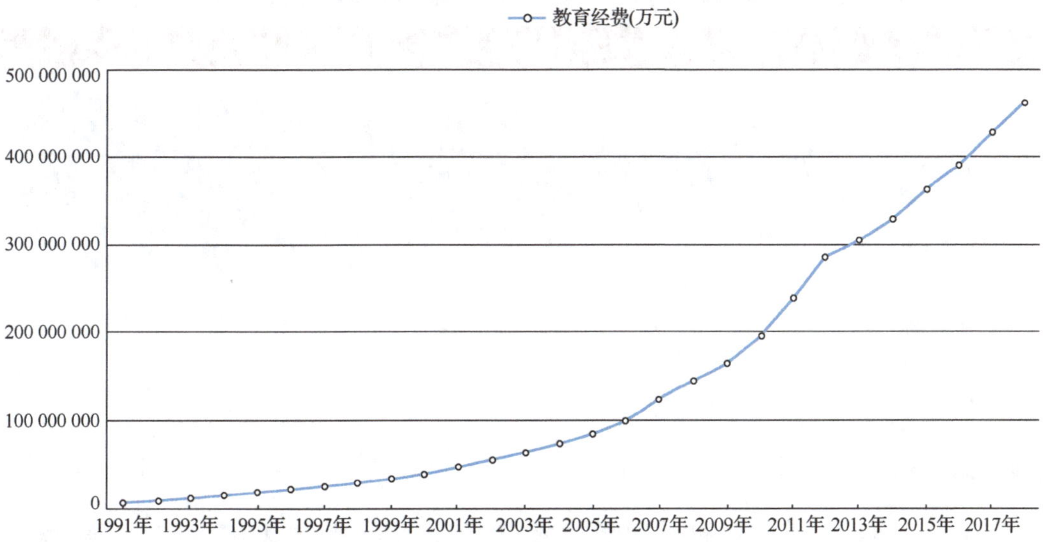

图 10.25　国家教育经费增长

10.6　文化发展分析

在经济高速发展的同时，我国文化事业的投入和发展也取得长足进步。如图 10.26 所示，公共文化场所的受众大幅增加了。

同时，文学艺术作品的数量也在不断增加，与之对应的是转向市场的规模不断扩大，如图 10.27 所示。

如图 10.28 所示，各类图书出版类型增多，尤其是科教类图书类别增多，从侧面可以看出我国的文化软实力也在不断增强。

大数据分析：从理论到实践

图 10.26　公共文化场所受众增加

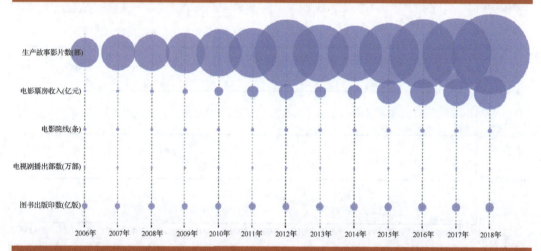

图 10.27　文学艺术作品数量增加

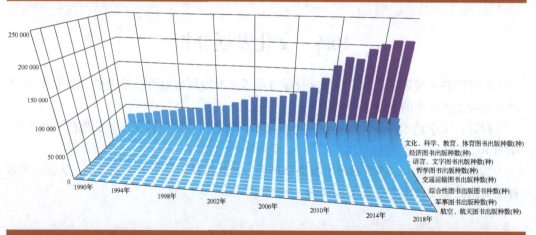

图 10.28　图书出版数量增多

10.7 医疗卫生发展分析

如图 10.29 所示，卫生行业从业者的整体数量和占总人口的比例都在增加，但乡村专业医生及从业者的数目并没有显著提高。

图 10.29 卫生行业从业者增长

如图 10.30 所示，与 20 世纪 80 年代相比，医疗卫生机构的总数没有明显提高，但卫生事业总费用呈指数级递增，说明卫生领域的投入得到了显著加强。

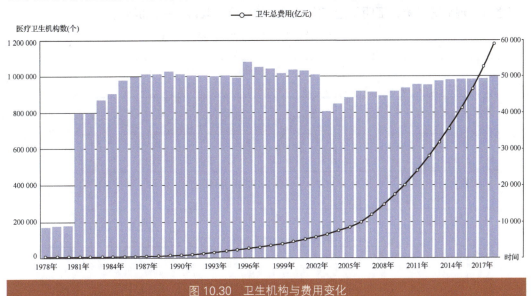

图 10.30 卫生机构与费用变化

儿童死亡率最能反映一个地区的经济及卫生状况，是几乎不受人口构成和其他死亡因素影响的重要健康指标。如图 10.31 所示，我国的儿童死亡率逐年下降到近乎为零，说明我国的卫生环境得到质的飞跃发展。

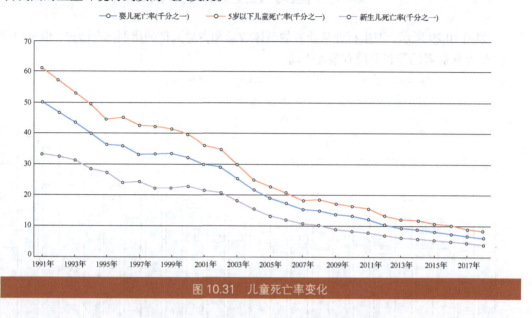

图 10.31　儿童死亡率变化

10.8　环境治理状况分析

近年来，我国对环境保护的力度逐渐加大，环境治理效果斐然。如图 10.32 所示，废水排放总量没有降低，但总体维持了非常低的增长水平；同时，二氧化硫排放量在 2015 年之后出现显著下降，证明了近年来我国的环境治理取得了一定成效。

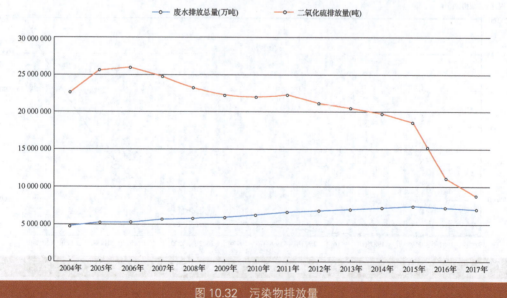

图 10.32　污染物排放量

如图 10.33 所示，森林资源的总量也在一直增长。

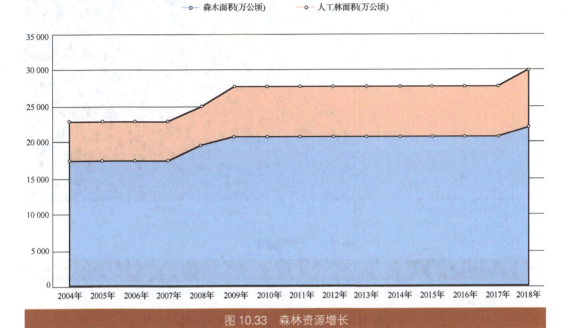

图 10.33　森林资源增长

从能源结构的变化来看，如图 10.34 所示，煤炭行业仍是我国能源结构中占据主导地位的行业，但比例在近年来有所下降，并逐渐被新能源行业代替。石油的消费量有所上升，但总体趋势变化不大。

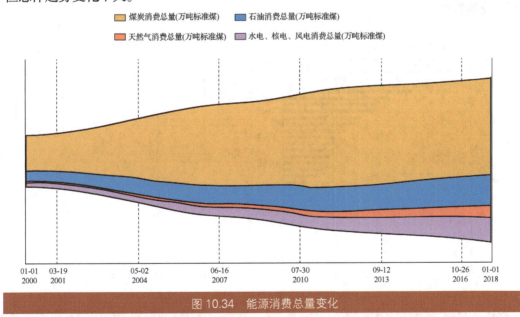

图 10.34　能源消费总量变化

如图 10.35 所示，我们在城市绿化上的成果是非常卓越的，城市绿化面积在过去 15 年里翻了一番。

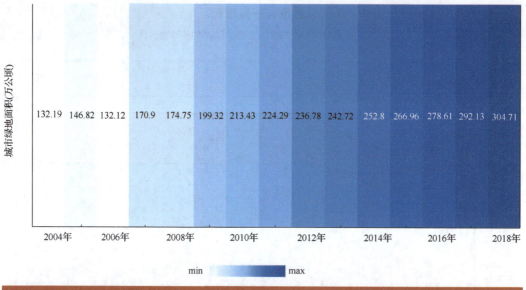

图 10.35　城市绿化面积变化

10.9　居民收入变化分析

如图 10.36 所示，人均收入得到了飞跃式增长。但值得一提的是，农村人口的收入增长远远小于城镇人口的人均收入增长。这样就会使城市更加吸引农村的流动人口，有助于城镇化的发展。

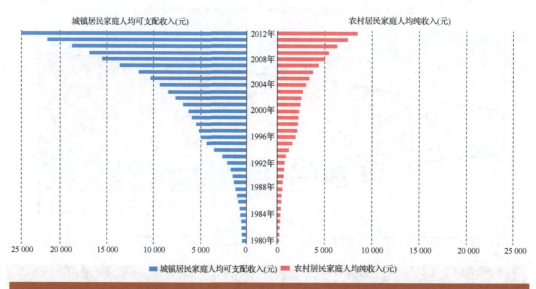

图 10.36　城乡居民收入增长

如图 10.37 所示的恩格尔系数变化图，说明城镇和乡村居民的生活质量都有明显的提高。

图 10.37　城乡居民恩格尔系数变化

如图 10.38 与图 10.39 所示，展现了 1997 年和 2012 年城镇居民收入的组成变化，在城镇居民的收入结构分布上，工资收入的主导地位在下降。

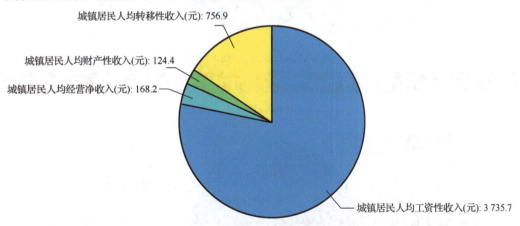

图 10.38　1997 年城镇居民收入组成

支出端的变化同样巨大，从图 10.40 和图 10.41 可以看出，城镇居民食品消费支出比例显著下降，人们的生活质量提高，将更多消费花在了娱乐服务上。另外，居民加大了交通和通信支出，也从侧面体现了城镇的人员流动量和交通建设都得到了很大的提高。

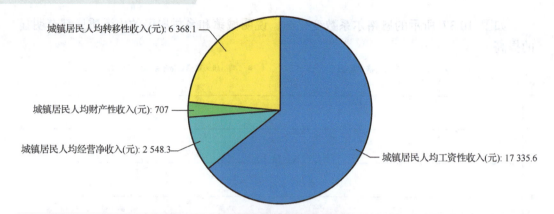

图 10.39　2012 年城镇居民收入组成

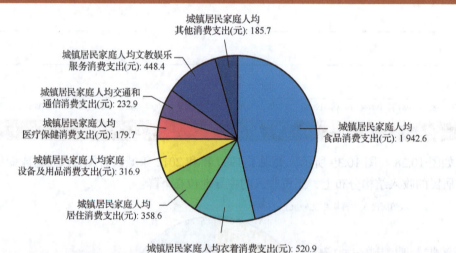

图 10.40　1997 年城镇居民支出组成

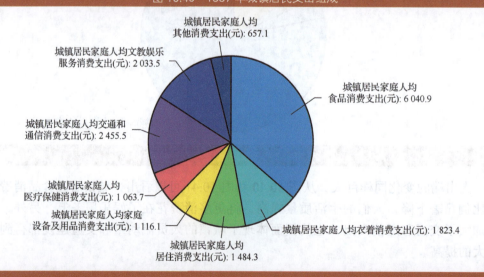

图 10.41　2012 年城镇居民支出组成

如图 10.42 所示,农村人口收入结构也有较大变化,农民的工资性收入几乎与农业经营收入持平。

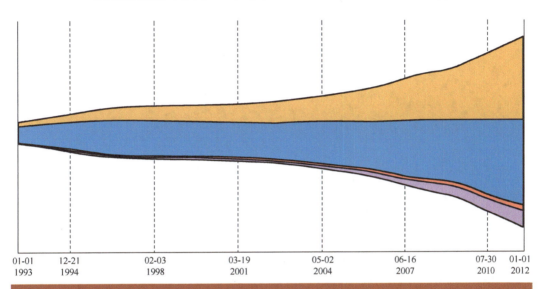

图 10.42 农村居民收入提升

参 考 资 料

[1] 维克托·迈尔·舍恩伯格，肯尼思·库克耶. 大数据时代：生活、工作与思维的大变革. 杭州：浙江人民出版社，2013.

[2] Sanjay Ghemawat, Howard Gobioff, and Shun-Tak Leung. The Google File System. SOSP '03: Proceedings of the nineteenth ACM Symposium on Operating Systems Principles，October 2003 Pages 29-43. https://doi.org/10.1145/945445.945450.

[3] 徐子沛. 大数据：正在到来的数据革命，以及它如何改变政府、商业与我们的生活(3.0升级版). 桂林：广西师范大学出版社，2015.

[4] 项亮. 推荐系统实践. 北京：人民邮电出版社，2012.

[5] http://www.xinhuanet.com/politics/2018-09/27/c_1123491231.htm.

[6] 安德森，斯威尼，威廉斯. 商务与经济统计(第11版). 北京：机械工业出版社，2012.

[7] https://www.nature.com/articles/s41586-019-1349-2.

[8] Pang-Ning Tan，Michael Steinbach，Vipin Kumar. 数据挖掘导论. 北京：人民邮电出版社，2010.

[9] 任昱衡，姜斌，李倩兴，米晓飞. 数据挖掘：你必须知道的32个经典案例. 北京：电子工业出版社，2015.

[10] 斯图亚特·罗素，彼得·诺维格. 人工智能：一种现代的方法. 北京：清华大学出版社，2013.

[11] 李开复，王咏刚. 人工智能. 北京：文化发展出版社，2017.

[12] 卫东，董亮. 机器学习. 北京：人民邮电出版社，2018.

[13] Matthew Ward，Georges Grinstein，Daniel Keim. Interactive Data Visralization：Foundations，Techniques，and Applications，A K Peters/CRC Press. 2010.

[14] Firas Khatib, Frank DiMaio, Foldit Contenders Group, Foldit Void Crushers Group, Seth Cooper, Maciej Kazmierczyk, Miroslaw Gilski, Szymon Krzywda, Helena Zabranska, Iva Pichova, James Thompson, Zoran Popović, Mariusz Jaskolski & David Baker. Crystal structure of a monomeric retroviral protease solved by protein folding game players. Nature Structural & Molecular Biology. volume 18. pages1175－1177，2011.

[15] 韦斯·麦金尼. 利用Python进行数据分析(第二版). 北京：机械工业出版社，2018.

[16] https://pandas.pydata.org/.

[17] https://zh.wikipedia.org/wiki/%E8%81%9A%E7%B1%BB%E5%88%86%E6%9E%90.

[18] https://zh.wikipedia.org/wiki/%E4%B8%BB%E6%88%90%E5%88%86%E5%88%86%E6%9E%90.

[19] https://blog.csdn.net/mingjinliu/article/details/70194660.

[20] https://www.jianshu.com/p/c8dd5931b58f.

[21] https://www.scikit-yb.org/en/latest/api/features/radviz.html.

[22] https://zh.wikipedia.org/wiki/%E7%A7%BB%E5%8B%95%E5%B9%B3%E5%9D%87.

[23] https://zh.wikipedia.org/wiki/%E6%8C%87%E6%95%B0%E5%B9%B3%E6%BB%91%E7%A7%BB%E5%8A%A8%E5%B9%B3%E5%9D%87%E7%BA%BF.

[24] https://zhuanlan.zhihu.com/p/38276041.

[25] https://zh.wikipedia.org/wiki/%E5%9B%BE_（%E6%95%B0%E5%AD%A6）.

[26] https://zh.wikipedia.org/wiki/%E6%A0%91_（%E5%9B%BE%E8%AE%BA）.

[27] https://zh.wikipedia.org/wiki/%E7%9F%A9%E5%BD%A2%E5%BC%8F%E6%A0%91%E7%8A%B6%E7%BB%93%E6%9E%84%E7%BB%98%E5%9B%BE%E6%B3%95.

[28] https://en.wikipedia.org/wiki/Force-directed_graph_drawing.

[29] https://www.delltechnologies.com/zh-hk/learn/data-storage/unstructured-data.htm.

[30] https://www.52nlp.cn/category/word-segmentation.

[31] https://www.jiqizhixin.com/graph/technologies/5b71072d-4494-43eb-8730-302c4a90f45e.

[32] https://baike.baidu.com/item/%E7%9F%A5%E8%AF%86%E5%9B%BE%E8%B0%B1.

[33] https://cloud.tencent.com/developer/article/1061644.

[34] https://zhuanlan.zhihu.com/p/25065579.

[35] https://zh.wikipedia.org/zh-hans/%E4%B8%89%E5%8E%9F%E8%89%B2%E5%85%89%E6%A8%A1%E5%BC%8F.

[36] https://zh.wikipedia.org/wiki/HSL%E5%92%8CHSV%E8%89%B2%E5%BD%A9%E7%A9%BA%E9%97%B4.

[37] https://zh.wikipedia.org/wiki/%E7%9B%B4%E6%96%B9%E5%9B%BE%E5%9D%87%E8%A1%A1%E5%8C%96.

[38] https://zh.wikipedia.org/wiki/%E9%AB%98%E6%96%AF%E6%A8%A1%E7%B3%8A.

[39] https://zh.wikipedia.org/wiki/%E8%BE%B9%E7%BC%98%E6%A3%80%E6%B5%8B.

[40] https://www.nightearth.com/?@22.396428,114.109497,3z&data=$bWVsMmQx&lang=zh.